Kutubuddin Sayyad Liyakat Kazi

Implementação de veículos eléctricos

Kutubuddin Sayyad Liyakat Kazi

Implementação de veículos eléctricos

ScienciaScripts

Cover image: www.ingimage.com

This book is a translation from the original published under ISBN 978-620-8-41521-1.

Publisher:
Sciencia Scripts
is a trademark of
Dodo Books Indian Ocean Ltd. and OmniScriptum S.R.L publishing group

120 High Road, East Finchley, London, N2 9ED, United Kingdom
Str. Armeneasca 28/1, office 1, Chisinau MD-2012, Republic of Moldova, Europe
Managing Directors: Ieva Konstantinova, Victoria Ursu
info@omniscriptum.com

Printed at: see last page
ISBN: 978-620-8-40721-6

Resumo

O número de locais de carregamento é outro fator importante para o número de veículos eléctricos que as pessoas compram. Para acompanhar o aumento do número de veículos eléctricos nas estradas, tanto o governo como as empresas privadas estão a investir na construção de um ecossistema de locais de carregamento. A construção desta infraestrutura é muito importante para a comercialização de veículos eléctricos, uma vez que proporciona tranquilidade aos condutores e elimina a ansiedade da autonomia. Hoje em dia, cada vez mais pessoas compram veículos eléctricos (VE) porque são melhores para o planeta do que os carros normais que funcionam a gasolina. O conjunto de baterias armazena energia que alimenta o motor elétrico do automóvel. Os VEs precisam de conhecer as diferentes formas de carregamento das baterias para poderem funcionar corretamente.

Os diferentes tipos de carregamento de baterias para VEs oferecem uma gama de opções para satisfazer as diferentes necessidades dos proprietários de VEs. Embora o carregamento em corrente alternada seja a opção mais comum e conveniente, o carregamento em corrente contínua, o carregamento indutivo, o carregamento solar e a travagem regenerativa oferecem vantagens únicas que podem melhorar a experiência geral de condução dos VE. Como a tecnologia para os veículos eléctricos continua a melhorar, é provável que surjam formas ainda mais criativas de os carregar no futuro. O desenvolvimento de um carregador de bateria integrado para VEs tem o potencial de acelerar a adoção de VEs. Com a sua capacidade de carregar a partir de diferentes fontes de energia, a sua capacidade bidirecional, as suas caraterísticas de carregamento inteligente e a sua relação custo-eficácia, oferece uma solução mais eficiente e sustentável para o carregamento de veículos eléctricos. Com mais avanços e normalização, os carregadores de bateria integrados podem ser a chave para um futuro mais ecológico e sustentável.

A elevada densidade de potência e a eficiência são cruciais para os carregadores de baterias integrados nos veículos eléctricos. Não só melhoram o desempenho e a autonomia dos VE, como também os tornam mais económicos e amigos do ambiente. À medida que a tecnologia for melhorando, iremos observar melhorias significativas na densidade de potência e na eficiência, tornando os veículos eléctricos um modo de transporte mais viável e sustentável. O desenvolvimento de carregadores de bateria integrados de alta densidade de potência é um passo significativo para tornar os veículos eléctricos um meio de transporte comum. Estes carregadores oferecem uma série de benefícios, incluindo tempos de carregamento mais rápidos, maior eficiência e melhor desempenho dos veículos eléctricos. Com a investigação contínua e os avanços tecnológicos, vamos observar carregadores de bateria integrados ainda mais compactos e eficientes no futuro, impulsionando ainda mais a adoção de veículos eléctricos e reduzindo a nossa pegada de carbono.

Com o aumento da procura de veículos eléctricos, tem havido um desejo crescente de um método de carregamento que funcione melhor e seja mais fácil de utilizar. Os carregadores de bateria integrados surgiram como a resposta a esta necessidade, oferecendo elevada eficiência, conveniência e facilidade de utilização. Não só beneficiam os proprietários de veículos eléctricos, como também contribuem para um ambiente mais limpo e mais verde, reduzindo a pegada de carbono dos transportes.

A utilização de conversores em carregadores de baterias integrados para veículos eléctricos é crucial para garantir um processo de carregamento seguro, eficiente e fiável. Com a sua capacidade de regular o processo de carregamento, proporcionar isolamento, melhorar a eficiência e oferecer flexibilidade, os conversores são uma parte importante da forma como a tecnologia dos veículos eléctricos está a melhorar. À medida que o número de pessoas que querem comprar veículos eléctricos continua a aumentar, o crescimento e a integração de conversores de alta qualidade nos carregadores de baterias continuarão a ser um ponto fulcral, introduzindo melhorias na forma como nos deslocamos, que são melhores para o ambiente e duram mais tempo.

Para efeitos deste exemplo específico, é utilizado um conversor de ponte completa isolado para proporcionar uma separação eléctrica entre a rede e as baterias. Esta separação é necessária para garantir a estabilidade. O lado primário do transformador está ligado ao inversor de alta frequência, que tem uma potência nominal de 400 volts e 6 amperes. Esta potência é atribuída ao inversor. Quando o transformador está na sua configuração secundária, os díodos com uma tensão nominal de 150V e uma corrente nominal de 20A são ligados ao lado secundário do transformador utilizando a configuração secundária.

O conceito de um carregador de bateria integrado para veículos eléctricos com elevada densidade de potência e eficiência tem o potencial de revolucionar a indústria dos transportes eléctricos. O seu tamanho compacto, a capacidade de fluxo de energia bidirecional e a elevada eficiência fazem dele uma solução ideal para as limitações dos veículos eléctricos. Com investigação e desenvolvimento contínuos, podemos esperar ver carregadores de bateria integrados mais avançados e eficientes no futuro, tornando os VE um modo de transporte mais atrativo e sustentável.

Os carregadores de bateria integrados têm um futuro brilhante no mercado dos veículos eléctricos, uma vez que a sua elevada densidade de potência e eficiência fazem deles uma tecnologia promissora. A utilização destes carregadores ajudará o mundo a avançar para um futuro mais limpo e sustentável, reduzindo a poluição por carbono e incentivando a utilização de energia limpa. Desde que continuem a surgir novas ideias e melhorias, os carregadores de bateria integrados poderão mudar a forma como carregamos os veículos eléctricos e ajudar a tornar o futuro mais saudável.

ÍNDICE

LISTA DE PRIVAÇÕES

Electrical Vehicles/Cars – EVs

International Energy Agency-IDA

Battery Electrical Vehicles- BEV

Hybrid Electrical Vehicles –HEV

Plug-in-Hybrid-Electric-Vehicles –PHEVs

Fuel-Cell-Electric-Vehicles- FCEVs

Battery management system- BMS

State of Charge- SoC

Vehicle-to-Grid -V2G

On-Board Charger- OBC

Integrated-battery-charger- IBC

Electric vehicle supply equipment –EVSE

Phase- Φ

Silicon carbide- SiC

Capítulo 1- INTRODUÇÃO

1.1 Introdução aos VEs -

Nos últimos tempos, tem-se assistido a um aumento da popularidade dos automóveis eléctricos (VE), que se espera venham a dominar os transportes no futuro. Com o impulso global para práticas sustentáveis e amigas do ambiente, um substituto ecológico para os automóveis convencionais a gasolina é o veículo elétrico (VE). A crescente preocupação com as alterações climáticas e o esgotamento dos combustíveis fósseis conduziu a uma mudança significativa para os VE, tornando-os um elemento crucial para moldar o futuro dos transportes.

A necessidade de transportes sustentáveis está a tornar-se cada vez mais evidente, uma vez que o mundo está a enfrentar as consequências das emissões de carbono. Com os veículos tradicionais, a mudança para veículos eléctricos (VE) é essencial porque estes são um dos maiores emissores de gases com efeito de estufa. Aproximadamente 24% das emissões mundiais de CO2 relacionadas com a energia são atribuídas ao sector dos transportes, tal como referido pela IDA_International Energy Agency. A substituição dos veículos tradicionais por VEs poderia reduzir significativamente este número.

O facto de os VE não emitirem emissões é uma das suas principais vantagens. Ao contrário dos veículos a gasolina, que emitem gases nocivos e poluem o ambiente, os VE funcionam com eletricidade, que é uma fonte de energia limpa e renovável. Isto ajuda na luta contra as alterações climáticas, para além de reduzir a poluição atmosférica. Além disso, quando as fontes de energia renováveis, como a energia solar e eólica, se tornarem mais disponíveis, a utilização de veículos eléctricos pode tornar-se verdadeiramente livre de emissões.

O facto de os veículos eléctricos serem agora uma alternativa viável para o futuro deve-se sobretudo a melhorias tecnológicas. Atualmente, com o desenvolvimento de baterias mais eficientes, os veículos eléctricos podem ir mais longe entre carregamentos. A ansiedade em relação à autonomia, que já foi uma grande preocupação para os proprietários de VE, está a diminuir gradualmente. Além disso, o custo das baterias dos veículos eléctricos tem vindo a diminuir, tornando-os mais acessíveis para as massas.

Outro aspeto crucial dos VEs é o seu baixo custo de manutenção. Ao contrário dos veículos tradicionais, os VE não requerem mudanças de óleo frequentes, afinações ou outros serviços de manutenção dispendiosos. Isto deve-se ao facto de os VE terem menos peças móveis e de o motor elétrico não necessitar de manutenção regular. Isto ajuda os proprietários não só a poupar dinheiro, mas também a diminuir o impacto ambiental, reduzindo a utilização de recursos.

A nível mundial, a utilização de VEs continua a aumentar gradualmente. A IDA prevê que, em 2030, haverá 125 milhões de veículos eléctricos (VEs) na estrada, um aumento em relação aos apenas 3,1 milhões de 2017. Esta tendência de crescimento pode ser atribuída às iniciativas e políticas governamentais que promovem a utilização de VEs. Países como a China, a Noruega e os Países Baixos estabeleceram objectivos ambiciosos para a adoção de VE, e outros países estão a seguir o exemplo.

O futuro dos veículos eléctricos tem também um potencial significativo para a economia. A transição para os veículos eléctricos está a abrir novas oportunidades de emprego e de investimento. Com as empresas a investir no desenvolvimento e na produção de VE, há uma necessidade crescente de pessoal qualificado neste sector. Além disso, à medida que o mercado das energias renováveis cresce, a implantação de infra-estruturas de carregamento para veículos eléctricos pode também criar oportunidades de emprego.

No entanto, ainda existem desafios que precisam de ser resolvidos antes que os VEs se possam tornar o principal modo de transporte. O custo inicial mais elevado para a aquisição de VEs é um dos principais obstáculos que impedem a sua ampla utilização. Os governos têm de oferecer incentivos e subsídios para tornar os VE mais acessíveis às massas. Além disso, em muitos locais, as infra-estruturas de carregamento continuam a não estar amplamente disponíveis, o que tem de ser resolvido para aumentar a confiança dos potenciais compradores de VE.

Os veículos eléctricos são, sem dúvida, o futuro dos transportes. Com a sua natureza de emissões zero, custos decrescentes e avanços na tecnologia, oferecem uma alternativa sustentável aos veículos tradicionais. A Figura 1.1 mostra todos os tipos de VEs. A crescente adoção de VEs a nível global é uma indicação clara da mudança para um futuro mais verde e mais limpo. No entanto, é crucial que os governos, as indústrias e os indivíduos trabalhem em conjunto para ultrapassar os desafios e fazer com que a transição para os VEs seja suave e bem sucedida. O futuro dos transportes é elétrico e cabe-nos a nós torná-lo realidade.

Nos últimos anos, assistiu-se a um aumento da popularidade dos veículos eléctricos, que são um meio de transporte mais sustentável e limpo. Os VE estão a tornar-se uma opção competitiva em relação aos veículos convencionais a gasolina e a gasóleo, devido às crescentes preocupações com o ambiente e ao desejo de minimizar as emissões de carbono. O progresso tecnológico também reduziu o custo e aumentou a eficiência dos VE, tornando-os uma opção viável para um grande número de utilizadores. No entanto, existem vários tipos de veículos eléctricos no mercado, mas nem todos os veículos eléctricos foram produzidos da mesma forma. Este artigo analisa os vários tipos de veículos eléctricos e as suas caraterísticas distintivas.

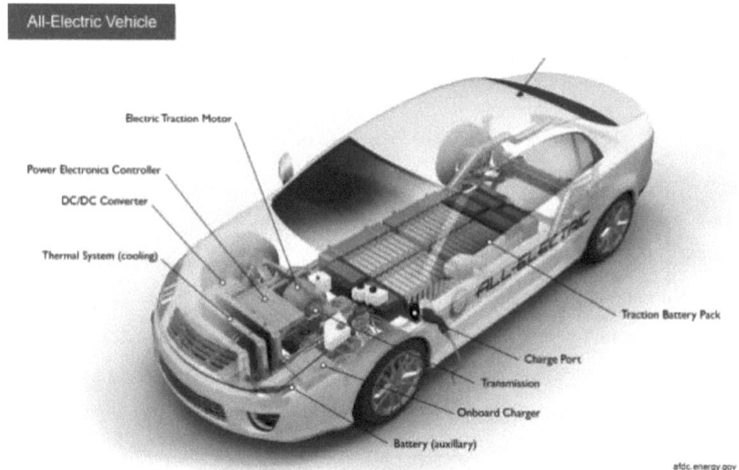

Figura 1.1- Grupo motopropulsor do VE

1.1.1. Veículos eléctricos a bateria (BEV)

As baterias eléctricas recarregáveis são a única fonte de eletricidade para os veículos eléctricos, por vezes designados por veículos puramente eléctricos. Estes veículos funcionam apenas com eletricidade e não têm qualquer tipo de motor a gasolina ou a gasóleo. Os BEV podem ser carregados ligando-os a uma estação de carregamento ou a uma tomada eléctrica. Dependendo do modelo, podem percorrer entre 100 e 300 quilómetros entre carregamentos. O diagrama de blocos do VEB é apresentado na Figura 1.2. O facto de os VEBs não emitirem quaisquer emissões torna-os a opção mais ecológica disponível para os VEs. Esta é uma das suas principais vantagens. Uma vez que a eletricidade é menos dispendiosa do que a gasolina ou o gasóleo, os VEBs têm também despesas operacionais mais baixas do que os veículos convencionais. No entanto, para alguns compradores, a distância mais curta e o tempo de carregamento mais longo dos VEB podem revelar-se uma desvantagem.

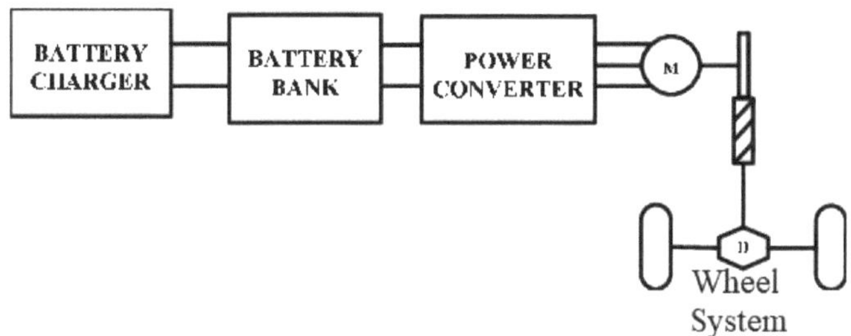

Figura 1.2- Diagrama de blocos do VEB

1.1.2. Veículos híbridos eléctricos (VHE)

Os VHE, ou simplesmente híbridos, são movidos por um motor a petróleo ou a gasóleo, para além de um motor elétrico. Em conjunto, estas duas fontes de energia proporcionam uma maior economia de combustível e menos poluentes. Além do motor a diesel ou a gasolina, se estiver a funcionar, o motor elétrico é carregado pela travagem regenerativa, que transmuta a energia cinética do VE em energia eléctrica. A Figura 1.3 apresenta o esquema do VEH.

Os VHE não precisam de estar ligados à corrente para carregar, pois têm uma pequena bateria que é constantemente recarregada durante a condução. Têm também uma autonomia maior e um tempo de reabastecimento mais rápido do que os VEB. No entanto, continuam a depender de combustíveis fósseis e as suas emissões não são tão baixas como as dos VEB.

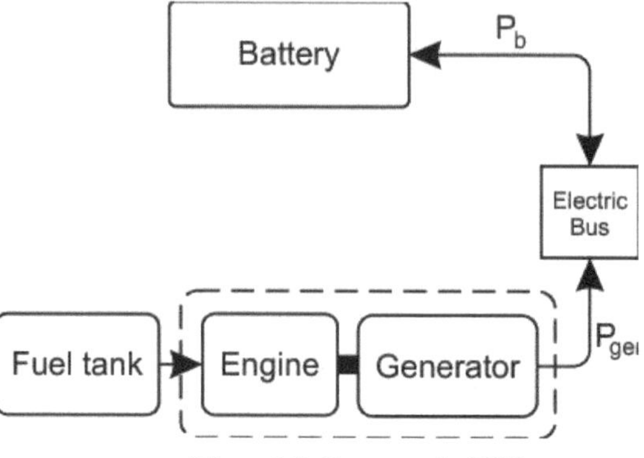

Figura 1.3- Esquema do VHE

1.1.3. Veículos híbridos eléctricos plug-in (PHEV)

Na medida em que contêm um motor elétrico para além de um motor a diesel, os PHEV são comparáveis aos HEV. A principal diferença é que os PHEV possuem uma bateria maior que pode ser carregada ligando-a a uma tomada eléctrica ou a uma estação de carregamento. Isto permite que os PHEV percorram uma distância mais longa apenas com energia eléctrica, normalmente cerca de 30-50 milhas, antes de o motor a gasolina ou diesel entrar em ação. A Figura 1.4 mostra o esquema do PHEV.

Os VEPI oferecem o melhor de dois mundos - têm uma autonomia maior do que os VEB, mas também emitem menos emissões do que os VHE. São uma boa escolha para pessoas que procuram reduzir o impacto ambiental, mas não estão preparadas para mudar para um veículo totalmente elétrico.

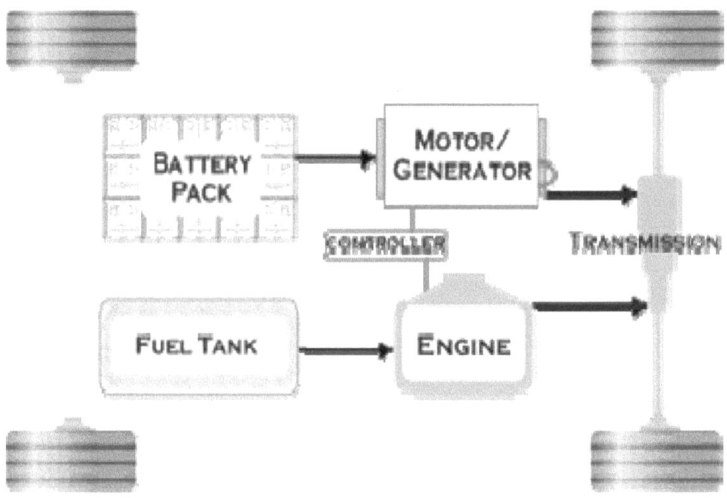

Figura 1.4- Esquema do PHEV

1.1.4. Veículos eléctricos a pilhas de combustível (FCEV)

Gera eletricidade através de um motor elétrico. O hidrogénio-H_2 e o oxigénio-O_2 são combinados na célula de combustível para criar energia, sendo a única emissão o vapor de água. Os FCEVs são semelhantes aos BEVs na medida em que produzem zero emissões, mas têm um alcance maior e um tempo de reabastecimento mais rápido. No entanto, ainda há falta de infra-estruturas de abastecimento de hidrogénio, o que torna os FCEV menos úteis para a utilização diária. A figura 1.5 mostra o esquema do FCEV.

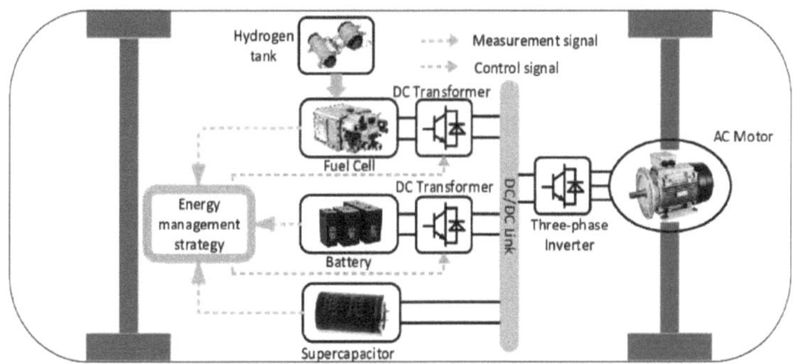

Figura 1.5- Esquema do FCEV

Em conclusão, o aparecimento dos veículos eléctricos oferece aos consumidores uma grande variedade de opções de escolha. Cada tipo de veículo elétrico tem as suas próprias caraterísticas e vantagens únicas e, no final, depende do que cada pessoa quer e precisa. Os veículos eléctricos estão a tornar-se cada vez mais eficientes e mais baratos à medida que a tecnologia vai melhorando. Isto torna-os uma opção promissora para um futuro mais amigo do ambiente e sustentável.

1.2 Carregadores de baterias para VEs-

Cada vez mais pessoas estão preocupadas com o aquecimento global e os seus efeitos negativos nos veículos tradicionais movidos a combustíveis fósseis, tendo-se verificado uma mudança significativa para os veículos eléctricos (VE). Estes veículos não só são melhores para o planeta, como também tornam a condução mais suave e silenciosa. No entanto, as principais preocupações em relação aos VE são a autonomia e o tempo de carregamento das baterias. Há mais para ver sobre o carregamento das baterias dos VE e sobre a forma como estão a mudar o panorama da indústria automóvel.

Em primeiro lugar, vamos compreender os conceitos básicos das baterias para veículos eléctricos. Estas baterias são feitas de células de iões de lítio, semelhantes às utilizadas em computadores portáteis e smartphones. No entanto, as baterias para veículos eléctricos têm uma maior capacidade e podem armazenar mais energia. O tamanho da bateria e a sua capacidade afectam diretamente a autonomia do veículo. Geralmente, o raio de ação do veículo aumenta com o tamanho da bateria.

A autonomia dos veículos eléctricos é um dos principais factores pelos quais as pessoas não querem mudar para eles. No entanto, as baterias dos veículos eléctricos estão a melhorar o seu desempenho, , e podem agora percorrer até 300-400 milhas com uma carga. Esta autonomia é suficiente para a maioria das deslocações diárias e até para viagens de longa distância. Além disso, muitos fabricantes de veículos eléctricos estão a trabalhar no desenvolvimento de baterias com capacidades ainda mais elevadas, o que aumentará ainda mais a autonomia destes veículos.

Falemos agora do processo de carregamento. As baterias dos veículos eléctricos podem ser carregadas através de diferentes métodos, sendo os mais comuns o carregamento lento, o carregamento rápido e o carregamento rápido. O carregamento lento é efectuado através de uma tomada doméstica normal, que pode demorar cerca de 8-12 horas a carregar totalmente a bateria do veículo elétrico, dependendo da sua capacidade. Este método é mais adequado para o carregamento instantâneo em casa.

O carregamento rápido, por outro lado, utiliza um carregador de maior potência e pode carregar a bateria em 4-6 horas. Estes carregadores estão frequentemente situados em locais comuns, como restaurantes, centros comerciais e garagens, facilitando aos utilizadores de veículos eléctricos o carregamento dos seus automóveis enquanto estão fora de casa. O carregamento rápido é o método mais rápido e carrega a bateria do VE até 80% em apenas 30 minutos. No entanto, este método não é adequado para uma utilização frequente, uma vez que pode provocar o desgaste da bateria.

O número de locais de carregamento é outro fator importante para o número de veículos eléctricos que as pessoas compram. Para acompanhar o aumento do número de veículos eléctricos nas estradas, tanto o governo como as empresas privadas estão a investir na construção de um ecossistema de locais de carregamento. A construção desta infraestrutura é muito importante para a comercialização de veículos eléctricos, uma vez que proporciona tranquilidade aos condutores e elimina a ansiedade da autonomia.

Outra mudança importante na atividade de carregamento de baterias de veículos eléctricos é a introdução do carregamento sem fios. Esta tecnologia utiliza a indução electromagnética para carregar a bateria sem a necessidade de cabos ou contacto físico. Embora a tecnologia em si ainda esteja na sua infância, tem o poder de transformar completamente a forma como carregamos os nossos veículos eléctricos, tornando o procedimento mais fácil e mais conveniente.

A Figura 1.6 mostra o diagrama de blocos do carregador de bateria. Os carregadores de baterias para VEs percorreram um longo caminho e, à medida que a tecnologia continua a melhorar, vão continuar a melhorar. A autonomia e o tempo de carregamento das baterias dos VE estão constantemente a melhorar, o que as torna uma boa escolha para a utilização quotidiana. Além disso, o crescimento das centrais eléctricas e a introdução do carregamento sem fios estão a impulsionar ainda mais o crescimento dos veículos eléctricos. Com o crescente enfoque na redução das emissões de carbono e na promoção de uma vida sustentável, é seguro dizer que os veículos eléctricos e o carregamento das baterias são o próximo capítulo do sector automóvel.

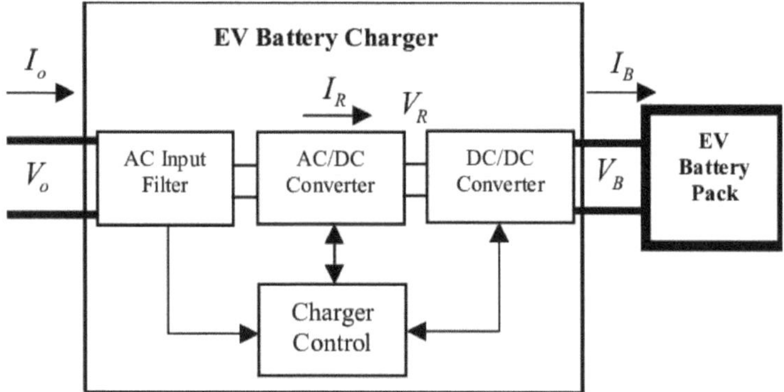

Figura 1.6- Funcionamento do carregador de bateria

Nos últimos anos, os veículos eléctricos receberam muita atenção como uma opção ecológica e sustentável aos veículos a gasolina. Com a crescente adoção de veículos eléctricos, aumentou também a procura de métodos de carregamento de baterias eficientes e fiáveis. O funcionamento do carregamento das baterias dos veículos eléctricos é um aspeto crucial que determina o desempenho e a facilidade de utilização destes veículos. Neste artigo, iremos abordar o funcionamento dos carregadores de baterias para veículos eléctricos, os seus tipos e os avanços nesta tecnologia.

A principal fonte de energia dos veículos eléctricos é a eletricidade, que é armazenada em baterias recarregáveis. Estas baterias foram concebidas para serem carregadas mais do que uma vez, o que as torna ideais para utilização em veículos eléctricos. O processo de carregamento da bateria dos veículos eléctricos envolve a transferência de energia eléctrica de um local exterior ao veículo para a sua bateria. Esta energia é subsequentemente armazenada numa bateria, que acciona o motor elétrico do automóvel.

A primeira ação necessária para carregar uma bateria é ligar o VE a uma fonte de energia. Isto pode ser feito através de uma porta de carregamento presente no veículo. A porta de carregamento foi concebida para aceitar diferentes tipos de carregadores, tornando-a compatível com várias infra-estruturas de carregamento. Assim que o veículo elétrico é ligado à corrente, inicia-se o processo de carregamento.

Existem três tipos de carregamento de baterias habitualmente utilizados nos veículos eléctricos: Nível 1, Nível 2 e carregamento rápido DC. O carregamento de nível 1 é o método mais lento, com uma taxa de carregamento típica de 4-5 milhas de autonomia por hora. Pode ser carregado durante a noite utilizando uma tomada de 120V normal . O carregamento de nível 2 é mais rápido, com uma taxa de carregamento de 25-30 milhas de autonomia por hora. Requer uma tomada de 240V e é normalmente instalado em estações de carregamento públicas e em casas com uma estação de carregamento de VE. O carregamento rápido DC é o método mais rápido, com uma taxa de carregamento de 60-80 milhas de autonomia em 20 minutos. Utiliza corrente contínua (CC) de alta potência e encontra-se normalmente em estações de carregamento públicas.

O processo de carregamento da bateria dos veículos eléctricos é regulado pelo sistema de gestão da bateria do veículo (BMS). O BMS observa o SoC, a temperatura e a tensão da bateria para garantir um carregamento seguro e eficiente. Também comunica com o carregador para regular a taxa de carregamento e evitar o sobreaquecimento ou o carregamento excessivo da bateria.

Nos últimos anos, registaram-se grandes melhorias na forma como as baterias dos veículos eléctricos são carregadas. Um desses avanços é a introdução do carregamento sem fios. Esta tecnologia utiliza a indução electromagnética para transportar energia através de uma almofada de recarga ao nível do solo para um detetor na parte inferior do veículo elétrico. Elimina a necessidade de comunicação por cabo, tornando o processo de carregamento mais cómodo e eficiente.

Outro desenvolvimento é a utilização de carregadores bidireccionais, conhecidos como carregadores veículo-para-rede (V2G). Os carregadores acima mencionados carregam adicionalmente a bateria do veículo elétrico, mas também permitem que a energia seja devolvida à rede eléctrica a partir da bateria. Esta tecnologia permite que os proprietários de veículos eléctricos vendam o excesso de energia à rede, tornando os veículos eléctricos potenciais fontes de rendimento.

Além disso, as melhorias na tecnologia das baterias resultaram na criação de baterias de carregamento rápido, reduzindo significativamente o tempo de carregamento. Estas baterias podem suportar taxas de carregamento elevadas sem comprometer a sua vida útil, o que as torna ideais para carregadores rápidos de corrente contínua.

Uma parte muito importante do sucesso e da ampla utilização dos automóveis eléctricos é a forma como as suas baterias são carregadas. À medida que a tecnologia melhora, os VE estão a tornar-se mais fáceis e mais úteis para a utilização quotidiana. No entanto, a falta de estações de carregamento de fácil acesso continua a ser um grande problema para a utilização geral dos veículos eléctricos. Para tornar as tecnologias de carregamento de baterias para VE mais rápidas, fáceis e económicas, é importante continuar a financiar a investigação e o desenvolvimento.

Hoje em dia, cada vez mais pessoas compram veículos eléctricos (VEs) porque são melhores para o planeta do que os carros normais que funcionam a gasolina. O conjunto de baterias armazena a energia que alimenta o motor elétrico do automóvel. Os VEs precisam de conhecer as diferentes formas de carregamento das baterias para poderem funcionar corretamente.

1. Carregamento em CA - O carregamento em CA (corrente alternada) é o modo mais utilizado para carregar veículos eléctricos. Este tipo de carregamento utiliza uma tomada doméstica normal ou uma estação de carregamento de VE dedicada e converte a energia CA em energia CC (corrente contínua) para carregar a bateria do automóvel. O carregamento em CA é geralmente mais lento do que outros métodos de carregamento, com um tempo de carregamento típico de 8-12 horas para um carregamento completo. No entanto, é a opção mais conveniente e amplamente disponível, tornando-a ideal para o carregamento noturno em casa ou no trabalho.

2. Carregamento em CC - O carregamento em CC (corrente contínua) é um tipo de carregamento muito mais rápido para os veículos eléctricos. Uma instalação de carregamento de alta potência, também chamada de carregador rápido DC, envia energia DC direta para a bateria do carro durante este tipo de carregamento. Com o carregamento de corrente contínua, um veículo elétrico pode atingir 80% da carga em menos de trinta minutos, o que o torna uma opção conveniente para os condutores que necessitam de carregar rapidamente a bateria em viagem. No entanto, as estações de carregamento DC não estão tão disponíveis como as estações de carregamento AC e encontram-se normalmente ao longo das principais auto-estradas ou em áreas comerciais.

3. Carregamento indutivo - Não são necessários fios ou fichas para carregar um veículo elétrico (VE). É o chamado carregamento indutivo, também designado por carregamento sem fios. Existe uma almofada de recarga no chão e um recetor na parte inferior do automóvel. Um campo eletromagnético move a energia entre eles. Esta forma de carregamento continua a ser nova e ainda não está amplamente disponível. No entanto, oferece uma opção cómoda e sem complicações para os proprietários de veículos eléctricos, uma vez que não é necessário ligar fisicamente o veículo à tomada para carregar.

4. Carregamento solar - O carregamento solar é uma opção de energia renovável para os veículos eléctricos, utilizando a luz do sol e transformando-a em energia através de painéis fotovoltaicos (PV). Este tipo de carregamento pode ser efectuado em casa ou em viagem, utilizando painéis solares portáteis ou toldos solares instalados em estações de carregamento de VEs. Embora o carregamento solar possa não ser capaz de carregar totalmente um veículo elétrico, pode aumentar significativamente a sua autonomia e reduzir a necessidade dos métodos de carregamento tradicionais.

5. Travagem regenerativa - É uma forma de carregamento que utiliza a energia cinética produzida quando um veículo trava para carregar a bateria. Esta tecnologia é normalmente utilizada em veículos eléctricos e híbridos, em que o motor elétrico é precisamente um gerador que pode transformar a energia cinética do veículo em eletricidade. A travagem regenerativa não é um método de carregamento autónomo , mas ajuda a aumentar a eficiência da bateria do veículo e a reduzir a necessidade de carregamentos frequentes.

Os diferentes tipos de carregamento de baterias para VEs oferecem uma gama de opções para satisfazer as diferentes necessidades dos proprietários de VEs. Embora o carregamento em corrente alternada seja a opção mais comum e conveniente, o carregamento em corrente contínua, o carregamento indutivo, o carregamento solar e a travagem regenerativa oferecem vantagens únicas que podem melhorar a experiência geral de condução dos VE. À medida que a tecnologia para os VE continua a melhorar, é provável que surjam formas ainda mais criativas de os carregar no futuro.

Os carregadores de bateria integrados, ou IBCs, oferecem um equilíbrio ideal entre os três requisitos concorrentes de tempo de carregamento, custo e conjunto de recursos. Ao utilizar os componentes de tração já existentes nos veículos eléctricos (VE) para suportar o circuito do carregador, os conjuntos integrados de baterias, ou IBC, oferecem a possibilidade de reduzir a quantidade de componentes específicos para o carregamento. O sistema de tração de um veículo elétrico (VE) não pode ser utilizado enquanto a bateria está a ser carregada [2]. Isto porque o carregamento e a tração são duas acções que são fundamentalmente incompatíveis entre si. Para piorar a situação, enquanto se conduz, a bateria do veículo elétrico fica sem energia. Assim, abre-se a possibilidade de reutilizar os componentes de tração existentes para o carregamento. A Figura 1.7 mostra as peças que se encontram normalmente na transmissão de um veículo elétrico nas imagens (a), (b) e (c). Esta unidade de tração é composta por um carregador externo personalizado, um carregador de bordo (OBC) e uma bateria integrada (IBC). Todas as figuras, que podem ser encontradas tanto no interior como no exterior do automóvel, representam a unidade de tração do automóvel elétrico. Para a tração, pode ser utilizado um conversor CC-CA de uma só fase ou um conversor de duas fases, que combina em cascata o conversor CC-CC e o conversor CC-CA, como se mostra nas figuras. Ambos os conversores têm a capacidade de fornecer os resultados desejados. É possível obter os resultados pretendidos utilizando um destes conversores.

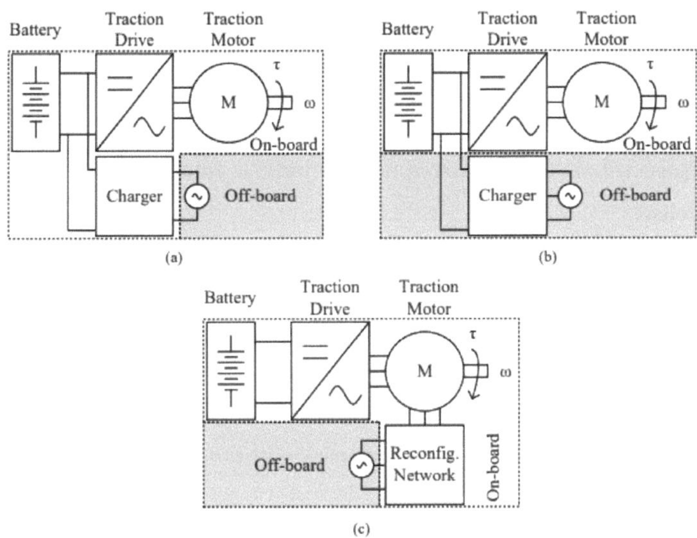

Figura 1.7. Vários carregadores de bateria para VEs

Aconselha-se a utilização de uma abordagem de duas partes devido ao potencial de grandes flutuações de tensão causadas por variações no estado de carga da bateria. Se o carregador estiver equipado com uma interface bidirecional que facilite a comunicação com a rede, o seu valor pode aumentar. Uma vez que está ligado à rede através desta interface, o carregador pode enviar e receber eletricidade ativa e reactiva de e para a rede. Outra caraterística útil desta interface é o facto de permitir ao carregador alternar entre o fornecimento e a receção de energia. As redes veículo-a-rede (V2G) oferecem serviços adicionais que podem ser utilizados pelas estações de carregamento capazes de os receber [6]. Estes serviços abrangem uma vasta gama de funções, tais como potência reactiva, suavização da carga e da produção, gestão da frequência, apoio à tensão, entre outros. Nenhum destes serviços seria sequer possível na ausência desta função.

Os vários tipos de carregadores de bateria utilizados nos automóveis eléctricos (VE) são apresentados na Figura 1.7. (A) Um carregador integrado no aparelho que está a carregar é designado por OBC. (b) Um carregador externo é um carregador que é mantido à parte do dispositivo que está a ser utilizado para carregar. (c) Um carregador incorporado na própria bateria é designado por carregador de bateria integrado (IBC).

1.3 Necessidade de um carregador de bateria integrado nos veículos eléctricos

Como uma forma mais ecológica de se deslocar, o mundo está a avançar rapidamente para os automóveis eléctricos (VE). Uma vez que as pessoas estão cada vez mais preocupadas com o ambiente e os combustíveis fósseis estão a esgotar-se, precisamos mais do que nunca de outras formas de nos deslocarmos. Os VE são uma boa forma de reduzir a poluição por carbono e também de poupar dinheiro no futuro. No entanto, um grande problema dos veículos eléctricos é o facto de terem uma autonomia reduzida e de as suas baterias demorarem muito tempo a carregar.

Para resolver este problema, investigadores e engenheiros têm estado a trabalhar no desenvolvimento de um carregador de bateria integrado para veículos eléctricos. Esta tecnologia combina a função de um carregador e de um equipamento de abastecimento de veículos eléctricos (EVSE), responsável pela conversão de energia CA em energia CC para carregar a bateria dos VE. Esta integração proporciona uma solução mais eficiente e compacta para o carregamento de veículos eléctricos.

Uma das melhores vantagens de um carregador de bateria incorporado é o facto de poder carregar a bateria do veículo elétrico a partir de qualquer fonte de energia, quer seja uma tomada doméstica de 110V ou uma estação de carregamento de 240V. Isto elimina a necessidade de carregadores separados para diferentes fontes de energia, tornando-o mais cómodo para os proprietários de veículos eléctricos. Além disso, o carregador integrado também oferece tempos de carregamento mais rápidos, reduzindo significativamente o tempo necessário para carregar um veículo elétrico.

Outro aspeto importante de um carregador de bateria integrado é a sua capacidade bidirecional. Isto significa que o carregador pode não só carregar a bateria do VE, mas também descarregá-la, permitindo que o VE forneça energia de volta à rede. Esta caraterística é designada por tecnologia veículo-rede (V2G) e tem o potencial de revolucionar o sector da energia. Com a tecnologia V2G, enquanto sistema de reserva de baterias distribuídas, os veículos eléctricos podem ajudar a lidar com as mudanças que ocorrem com as fontes de energia sustentáveis, como a energia eólica e solar. Isto pode conduzir a uma rede de energia mais estável e sustentável.

A integração do carregador e do EVSE permite-lhe também gerir e controlar melhor o processo de carregamento. Isto pode ser conseguido através de sistemas de carregamento inteligentes que utilizam tecnologias de comunicação avançadas. Estes sistemas podem comunicar com a rede para determinar a melhor altura para carregar o veículo elétrico, tendo em conta factores como a procura de energia, a disponibilidade de energias renováveis e os preços da eletricidade. Isto não só optimiza o processo de carregamento, como também reduz a pressão sobre a rede.

Além disso, a integração do carregador e do EVSE reduz o custo global de propriedade do VE. Com um carregador e um EVSE separados, os proprietários de VE têm de suportar o custo de comprar e instalar ambos. A integração destes dois componentes não só reduz o custo inicial, mas também reduz os custos de manutenção a longo prazo.

Para além destes benefícios, um carregador de bateria integrado também oferece vantagens em termos de segurança. Com uma única unidade responsável pelo carregamento, há menos risco de falhas eléctricas ou acidentes. Além disso, o carregador pode ser equipado com caraterísticas de segurança, tais como sensores de corrente e tensão, sensores de temperatura e proteção contra falhas à terra, garantindo um carregamento seguro e eficiente.

No entanto, ainda há alguns desafios que precisam de ser resolvidos antes de os carregadores de bateria integrados se tornarem uma realidade generalizada. O principal desafio é a normalização dos sistemas de carregamento. Com diferentes fabricantes de veículos eléctricos a utilizarem diferentes protocolos de carregamento, torna-se difícil desenvolver um carregador integrado universal. Estão a ser feitos esforços para normalizar os protocolos de carregamento, mas demorará algum tempo até que seja estabelecida uma norma universal.

Em suma, o desenvolvimento de um carregador de bateria integrado para VEs tem o potencial de acelerar a adoção de VEs. Com a sua capacidade de carregar a partir de diferentes fontes de energia, a sua capacidade bidirecional, as suas caraterísticas de carregamento inteligente e a sua relação custo-eficácia, oferece uma solução mais eficiente e sustentável para o carregamento de veículos eléctricos. Com mais avanços e normalização, os carregadores de bateria integrados podem ser a chave para um futuro mais ecológico e sustentável.

A configuração da eletrónica de potência de um VE consiste num sistema de tração, que gere pelo menos dois motores eléctricos que movem o carro e um sistema de recarga eléctrica que obtém energia de outro local, como a rede eléctrica [4]. Quando pára, o sistema de tração precisa de um conversor CC-CA para ligar os enrolamentos eléctricos da máquina a uma fonte de energia da bateria e fazer o contrário quando carrega nos travões [5]

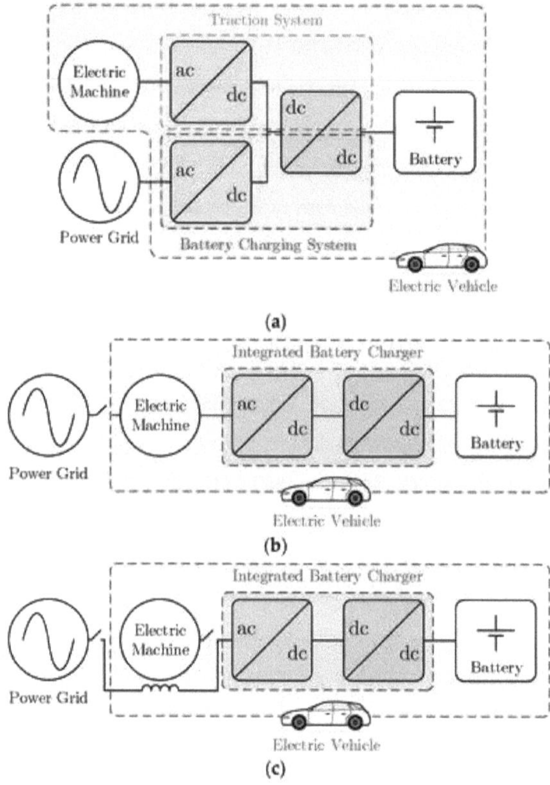

Figura 1.8- Estrutura de carregamento de VEs: (a) da forma habitual; (b) construída utilizando os enrolamentos do dispositivo como filtros de acoplamento à rede eléctrica; (c) construída utilizando indutores exteriores como filtros de acoplamento à rede eléctrica.

Um conversor dc-dc bidirecional é adicionalmente utilizado para alterar a tensão DC no conversor dc-ac e gerir a energia que a máquina eléctrica envia de volta para a bateria quando os travões são aplicados [6]. O sistema de recarga da bateria precisa de um conversor ac-dc porque a energia vem de uma linha de alimentação 1- ou 3-Φ ac. Além disso, o sistema de tração precisa de um conversor dc-dc, que pode ser o mesmo de que falámos anteriormente, para manter a potência e a corrente da bateria sob controlo durante o carregamento. É isto que se mostra na Figura 1.8a, que apresenta a disposição típica da eletrónica de potência de um VE. Quando o carregamento condutivo é utilizado, é evidente que os mecanismos de tração do veículo e de carregamento das baterias nunca funcionam em conjunto. Isso ocorre porque o VE tem que ser fixado enquanto sua bateria é carregada. Além disso, é evidente que os conversores front-end em ambos os sistemas são muito semelhantes. Estas são as partes que unem um lado AC (como um dispositivo elétrico ou a rede eléctrica) com uma ligação DC partilhada. Os carregadores de bateria integrados (IBCs) foram criados com estas duas coisas em mente. Utilizam o mesmo adaptador de corrente para carregar as baterias e fazer avançar o veículo. Este método - mostrado na Figura 1.8 b,c - é útil porque combina duas tarefas num só sistema. Isto pode reduzir o tamanho, o peso e o preço global dos circuitos eléctricos que compõem um veículo elétrico.

Como pode ser observado, a figura (Figura 1.8 b,c) representa duas formas diferentes de IBCs. Enquanto na Figura 1.8c são utilizados indutores externos, na Figura 1.8b os enrolamentos da máquina eléctrica servem de filtros de acoplamento com a rede eléctrica. As várias topologias que foram patenteadas e publicadas na literatura demonstram a variedade de abordagens disponíveis para a obtenção de um IBC [8]. Além disso, os IBCs podem oferecer uma variedade de recursos, incluindo operação bidirecional da rede elétrica, isolamento galvânico e muitas opções de interface com a rede elétrica (por exemplo, 1-Φ ac, 3-Φ ac ou dc). Isto pode exigir a utilização de indutores adicionais para reconfigurar o conversor de potência e ligá-lo à rede eléctrica ou a contactores, o que pode complicar o sistema global. É feita uma análise dos IBCs no que diz respeito às caraterísticas e despesas de implementação em comparação com sistemas especializados que permitem os mesmos modos de funcionamento, tendo também em conta o funcionamento bidirecional. Além disso, certos IBC sugeridos têm de poder alcançar o ponto neutro da máquina eléctrica, o que frequentemente não é exigido nos sistemas convencionais. Alguns IBC têm mesmo de poder aceder a todos os terminais dos enrolamentos para poderem funcionar. Além disso, alguns IBCs são feitos expressamente para um determinado VE ou um grupo de

VEs relacionados, enquanto outros podem ser utilizados com qualquer tipo de máquina eléctrica.

1.4 Elevada densidade de potência e eficiência para carregadores de bateria integrados

A curta autonomia de condução é um dos principais problemas que impede a utilização generalizada dos veículos eléctricos e o tempo necessário para carregar as baterias. É aqui que entram em jogo a elevada densidade de potência e a eficiência dos carregadores de bateria integrados. Neste artigo, vamos explorar a importância da elevada densidade de potência e da eficiência dos carregadores de baterias integrados nos veículos eléctricos.

Em primeiro lugar, vamos compreender o que significa uma elevada densidade de potência e eficiência no contexto dos veículos eléctricos. A densidade de potência é a quantidade total de energia que pode ser enviada por unidade de tamanho ou peso de uma bateria ou de um sistema de carregamento. Em termos simples, é a medida de quão compactos e leves são a bateria e o carregador. Por outro lado, a eficiência refere-se ao rácio entre a potência de saída e a potência de entrada e, no caso dos veículos eléctricos, é a diferença entre a potência que a bateria pode armazenar e a energia consumida durante o carregamento.

Porque é que estes factores são cruciais para os carregadores de baterias integrados nos veículos eléctricos? A resposta reside nas limitações da atual infraestrutura de carregamento dos VE. Atualmente, a maioria dos veículos eléctricos utiliza baterias de iões de lítio, que têm uma distância de condução curta e necessitam de ser carregadas frequentemente. Com uma elevada densidade de potência e eficiência, a bateria e o carregador podem ser mais compactos e leves, permitindo mais espaço no veículo para outros componentes e fazendo com que o peso do automóvel seja geralmente mais baixo. Por sua vez, isto pode aumentar as distâncias de condução e reduzir o tempo de carregamento, tornando os VE mais práticos para a utilização quotidiana.

Além disso, a elevada densidade de potência e a eficiência desempenham também um papel crucial na redução do custo dos veículos eléctricos. À medida que a bateria e o carregador se tornam mais compactos e leves, o custo de produção e os materiais utilizados também diminuem. Isto pode tornar os veículos eléctricos mais acessíveis para os consumidores, conduzindo a uma maior taxa de adoção.

Outra vantagem significativa da elevada densidade de potência e eficiência dos carregadores de bateria integrados é o melhor desempenho do VE. Com uma bateria e um carregador mais compactos e leves, o peso total do veículo diminui, o que resulta numa melhor manobrabilidade e aceleração. Este facto pode melhorar a experiência de condução dos proprietários de VE e tornar estes indivíduos mais competitivos em relação aos automóveis movidos a petróleo.

Além disso, a elevada densidade de potência e a eficiência também têm um impacto positivo no ambiente. À medida que os VE se tornam mais eficientes, a quantidade de energia necessária para se carregarem diminui, resultando numa menor pegada de carbono. Isto é especialmente importante em países onde a produção de eletricidade depende principalmente de combustíveis fósseis.

Então, como é que se pode conseguir uma elevada densidade de potência e eficiência em carregadores de baterias integrados para veículos eléctricos? Uma forma é através da utilização de materiais e tecnologias avançados. Por exemplo, a utilização de carboneto de silício (SiC) na eletrónica de potência pode aumentar a eficiência dos carregadores de baterias até 5%. Do mesmo modo, os avanços na química das baterias , como a utilização de ânodos de silício, podem aumentar a densidade de energia da bateria, resultando numa maior densidade de potência.

Em conclusão, a elevada densidade de potência e a eficiência são cruciais para os carregadores de baterias integrados nos veículos eléctricos. Não só melhoram o desempenho e a autonomia dos VE, como também os tornam mais económicos e amigos do ambiente. À medida que a tecnologia for melhorando, iremos observar melhorias significativas na densidade de potência e na eficiência, tornando os veículos eléctricos um meio de transporte mais viável e sustentável.

Capítulo 2- LEVANTAMENTO DA LITERATURA

2.1 Pesquisa bibliográfica

A Figura 2.1 ilustra o método que D. Thimmesch descreveu em ambas as publicações. Utiliza um transformador com quatro enrolamentos e baseia-se num conversor dc-ac ressonante 3-Φ baseado em tiristores. Com uma potência eléctrica máxima de 34kW no modo de tração e uma potência constante de 3,6kW no modo de carga, é suficientemente grande. Enquanto o motor é colocado em modo de tração, funciona como um único conversor ressonante 3-Φ dc-ac (tiristores S1 a S6) com máquina eléctrica 3-Φ. No entanto, no modo em que a bateria está a ser carregada, funciona como dois conversores independentes (dc-dc e ac-dc) ligados a uma rede eléctrica 1-Φ ac. Os díodos antiparalelos de tiristores do conversor CC-CA (D1 a D6) são utilizados como conversor CA-CC de ponte completa de díodos de 1. Os enrolamentos do estator do gerador ligam-se à rede eléctrica como indutores de acoplamento. A rede eléctrica está ligada a uma das fases do conversor em série. O conversor 3-Φ dc-ac utilizado no modo de tração e o conversor dc-dc, que é constituído pelos díodos D7 e D8 e pelos tiristores S7 e S8, funcionam como conversores ressonantes. É de referir que as baterias são carregadas separadamente da rede eléctrica graças à utilização de quatro contactores que ficam cobertos no modo de tração e abertos no modo de carregamento das baterias.

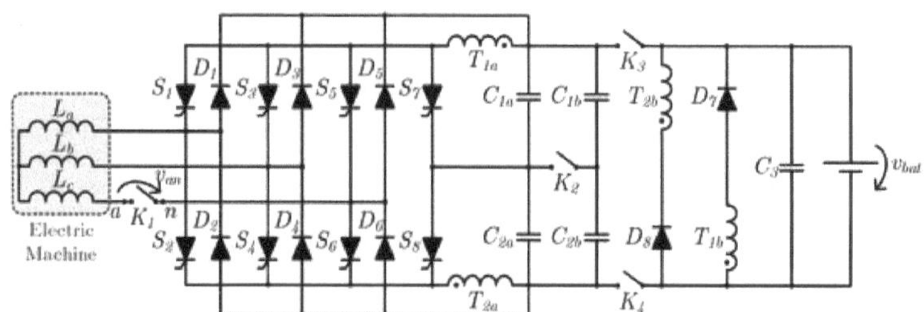

Figura 2.1- EV IBC sugerido por D. Thimmesch em 1983.

Cocconi e W. Ripple patentearam três IBCs para VEs nos primeiros anos da década de 1990 (1990 [12], 1992 [13] e 1994 [14]), conforme ilustrado na Figura 2.2. O conversor CA-CC 1-Φ em ponte completa a díodos (D1 a D4) e o conversor CA-CC bidirecional 3-Φ e 3-leg baseado em BJT (S1 a S6) constituem o IBC, que foi patenteado em 1990 [12] e é visto na Figura 2.2a. A máquina eléctrica é do tipo 3-Φ e o único conversor AC-DC utilizado no modo de tração é o conversor 3-Φ bidirecional. Quando a bateria está a carregar, o conversor 3-Φ bidirecional ac-dc funciona como conversor bidirecional buck-boost dc-dc e tem apenas uma perna. Por outro lado, o conversor CA-CC de ponte completa de díodos de 1Φ faz a interface do sistema com a rede eléctrica de 1Φ CA. Os autores salientam que a utilização dos enrolamentos da máquina eléctrica é uma opção, mas isso implica uma ondulação de corrente mais elevada. Em vez disso, um indutor adicional (L1) é utilizado no modo de carregamento da bateria para reduzir a ondulação da corrente da bateria. Como se pode ver na Figura 2.2b, a patente IBC de 1992[13] abrange a utilização de máquinas de 2 induções ou, em alternativa, de uma única máquina eléctrica com 2 conjuntos de enrolamentos constituídos por dois conversores CA-CC bidireccionais de 3 pernas e 3 Φ.

Cada um destes conversores gere individualmente uma máquina eléctrica quando em modo de tração. Este IBC elimina a necessidade de indutores externos, em contraste com a solução patenteada em 1990. Onze contactores (K1-K11) são utilizados no IBC patenteado em 1994[14] (Figura 2.2c), que é uma adaptação das soluções patenteadas anteriormente, destinadas a serem utilizadas em redes eléctricas de 1Φ ou 3Φ CA. K4 e K5 são responsáveis pela ligação dos enrolamentos do estator do motor elétrico numa configuração em estrela, enquanto os contactores K1-K3 são responsáveis pela ligação do sistema à rede eléctrica de corrente alternada de 3° (terminais a, b e c).

O sistema está ligado à rede eléctrica de corrente alternada 1-Φ (terminais a', n) através dos contactores K6-K11. Neste caso, K8-K11 estão fechados e K6-K7 estão abertos. É utilizado um indutor externo, tal como no sistema que foi patenteado em 1990 [12] (L1). Esta topologia, com os enrolamentos do estator a atuar como indutores de acoplamento, requer o acesso a 6 terminais para que a ligação possa ser feita a uma rede eléctrica de 3° CA, a topologia que foi inventada em 1992 [13] é diferente. Embora todos os 3-IBCs inventados por Rippel e Cocconi tenham uma única ligação dc, o que significa que não se dividem, todos eles precisam que a tensão de pico da rede eléctrica seja inferior à tensão nominal da bateria num EV para funcionar.

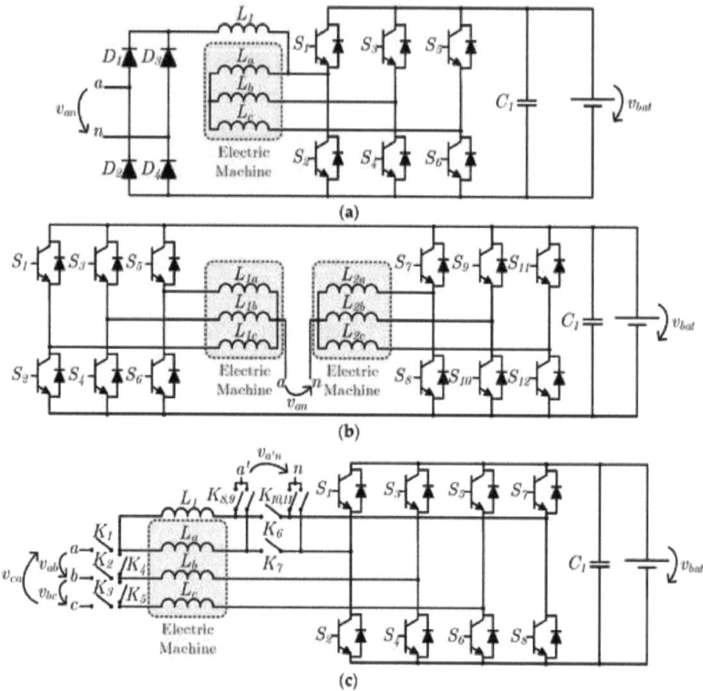

Figura 2.2 IBC EV propostos na década de 90

Um IBC que alimenta um dispositivo de mobilidade eléctrica foi proposto por Solero (2001) [15]. Na Figura 2.3a, este mecanismo é apresentado. Consiste num conversor CA-CC de 1 ponte completa de díodos (D1-D4) e num conversor CA-CC bidirecional de 3 pernas (IGBTs) S1-S6. No modo de tração, apenas é utilizado o conversor CA-CC bidirecional de 3 L para o funcionamento do motor elétrico de 3 L. No modo de carregamento da bateria, o conversor CA-CC bidirecional 3-Φ funciona como conversor CC-CC buck-boost bidirecional 3-Φ intercalado. O conversor CA-CC de ponte completa de díodos de 1 C é utilizado para ligar o sistema à rede eléctrica de 1 . O ponto neutro deste sistema é conectado ao terminal de saída+ ve do conversor de diodo full-bridge 1-Φ ac-dc, e os enrolamentos do estator funcionam como indutores do conversor dc-dc. Devido à função de impulso do conversor dc-dc da rede eléctrica para a bateria, neste caso, a tensão de pico da rede eléctrica não pode ser superior à tensão da bateria. Um sistema semelhante foi proposto por Pellegrino et al.(2010); incluía um conversor bidirecional dc-dc adicional entre a bateria e a ligação dc do conversor bidirecional ac-dc 3-Φ. Este sistema foi equipado com capacidades de correção do fator de potência (PFC), permitindo o carregamento da bateria a partir de redes eléctricas cujos valores de pico podem diferir da tensão da bateria [16]. Pode ver-se esta estrutura na Figura 2.3b. Note-se que a topologia do conversor dc-dc não foi especificada pelos autores.

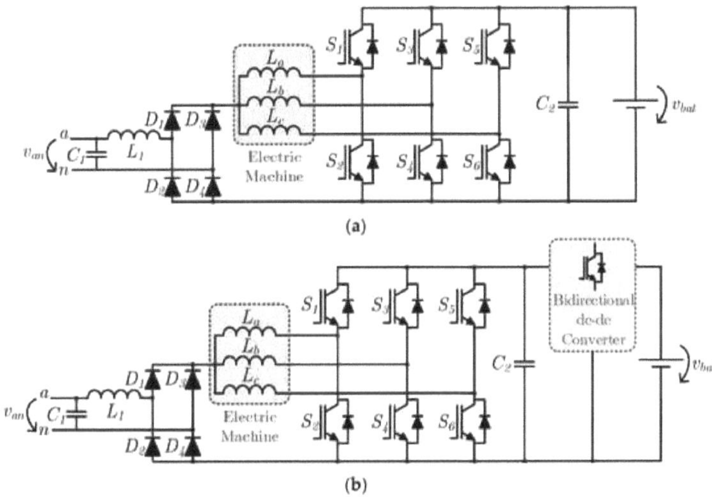

Figura 2.3 IBCs de EV sugeridos por: (**a**) Solero (2001) [15]; (b) Pellegrino et al.(2010) [16].

O IBC mostrado na Figura 2.4 foi proposto por Hegazy et al.(2013) e é baseado em conversores ac-dc 2-bidireccionais, oito interruptores, 3-Φ e conversor dc-dc 2-Φ interleaved buck-boost(S9toS12) [17]. As 3 pernas do conversor ac-dc estão equipadas com 2 interruptores (S7, S8) numa perna e 3 interruptores (S1-S6) na outra. Com este método, o conversor CA-CC bidirecional de 1 ponte completa, ligado a uma máquina eléctrica de 3 vias e a uma rede eléctrica de 1 via, pode ser estabelecido simultaneamente com um conversor CA-CC bidirecional de 3 vias de 3 vias (S2, S3, S5, S6, S7, S8). Não são necessários relés e contactores porque o gerador e a rede eléctrica foram ligados a terminais separados do conversor CA-CC, tornando desnecessária a reconfiguração do sistema para alternar entre o acionamento da máquina e a carga da bateria. Um indutor (L1) é o único componente extra necessário, e liga o conversor à rede eléctrica.

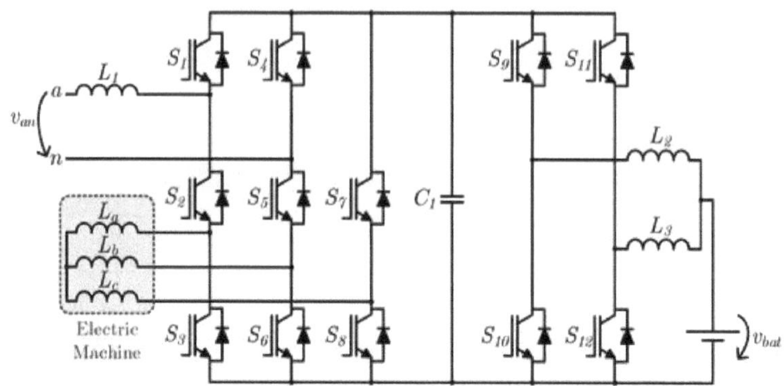

Figura 2.4- EV IBC que Hegazy et al(2013)

Em 2015, Hu et al. apresentaram o IBC com mais dois modos de operação: vehicle-to-home (V2H) e V2G[23]. Este projeto, que se baseia num conversor dc-ac assimétrico semelhante ao de 2011[20], com 5 pernas de comutação (S1-S6,S8-S11), bem como uma perna adicional composta por um interrutor (S7) e um díodo (D1), está representado na Figura 2.5. Adicionalmente, é utilizado um conversor bidirecional buck-boost dc-dc(S12,S13,L4). De acordo com o estado da corrente nos interruptores de 3 posições K3,K4, este conversor pode ser ajustado para funcionar em modo buck ou boost em qualquer direção. No modo de tração, estes interruptores foram colocados nos pontos de ligação x1,x2 e y1,y2, respetivamente. Isto significa que o lado de menor tensão (L4) está ligado à ligação dc do conversor dc-ac assimétrico e o lado de maior tensão (S12, S13) está ligado à bateria. Neste sentido, a tensão da bateria tem de ser superior à tensão da ligação dc do conversor dc-ac assimétrico porque o conversor bidirecional buck-boost dc-dc funciona em modo buck durante o modo de tração normal e em modo boost durante a travagem regenerativa, quando a máquina se destina a ser conduzida. Em contrapartida, quando a bateria está a ser carregada, os interruptoresK3,K4 são configurados para ligar o ponto x1,x2, o ponto z1,z2, e assim por diante. Isto liga o lado de tensão mais baixa (L4) à bateria e o lado de tensão mais alta (S12, S13) à ligação dc do conversor dc-ac assimétrico. Quando em modo de carregamento da bateria, o conversor bidirecional buck-boost dc-dc funciona em modo boost durante os modos V2G ou V2H e em modo buck durante a operação tradicional de carregamento da bateria, ou modo grid-to-vehicle (G2V). Como resultado, a tensão do link dc precisa ser maior do que a tensão da bateria. O conversor CA-CC bidirecional de 1 - 3 fios é utilizado na rede eléctrica CA de 1 -, 2 - (utilizando tensão fase a fase) para o carregamento da bateria. Este é o inerente ao conversor dc-ac assimétrico (S1-S6). 2-contactores(K1, K2), 3-indutores(L1,L2,L3), e 2-capacitores(C1,C2) são usados para ligar o sistema à rede eléctrica. Duas tensões fase-neutro (van, vbn) e tensão fase-fase (vab) podem ser adquiridas através de uma interface de 3 fios (terminais a, n, b).

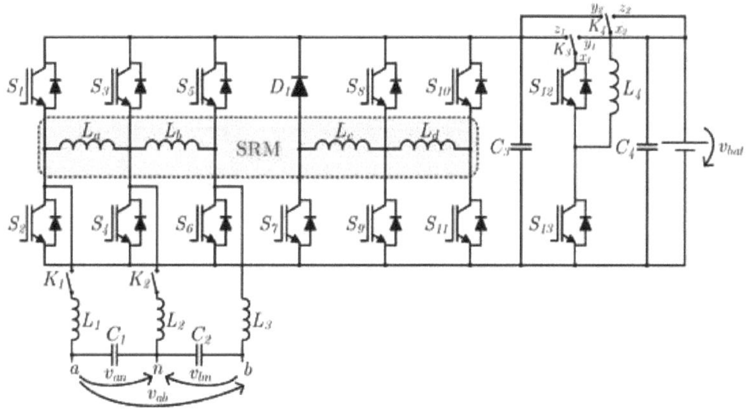

Figura 2.5- Proposta de Hu et al.(2015) para um EV IBC construído em torno de SRMs

A Figura 2.6 ilustra o IBC que Ma et al.[24] propuseram em 2018 para PHEVs baseados em SRMs. A estrutura é composta por conversor dc-ac assimétrico comumente encontrado em SRMs (S2-S7 e D9-D14) mais estágio PFC de reforço (D1-D6, C1, L1 e MOSFET-S1) para conectar ao gerador mecanicamente acoplado ao ICE do veículo através de contatores K1-K3, ou 3-Φ rede elétrica CA (terminais a, b, c). Os conjuntos de duas baterias (vbat1, vbat2), cada um com um condensador correspondente ligado em paralelo (C2, C3) e um contactor ligado em série (K4, K5), formam uma ponte que liga as duas fases e funciona como circuito de recuperação de energia. Os contactores nesta topologia servem para ativar ou desativar a utilização da eletricidade fornecida pelas baterias (K4, K5) ou pelo gerador (K1 a K3), permitindo que um veículo híbrido utilize uma ou ambas as fontes de energia conforme necessário.

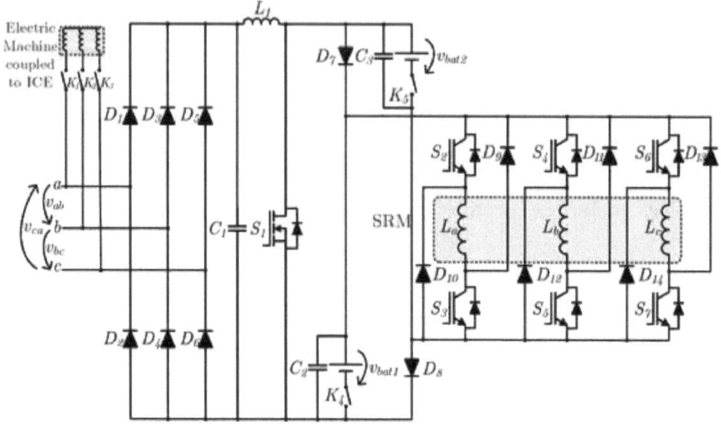

Figura 2.6- IBC sobre PHEV com base em SRMs sugeridos como Ma et al.(2018)

Com base nos SRMs (Figura 2.7a), Cheng et al.(2020), sugeriram o IBC para carros PHEV[25]. Semelhante ao IBC que foi oferecido anteriormente, esta ideia exige a ligação de uma máquina eléctrica ao motor de combustão interna do veículo ou à rede eléctrica - neste caso, 1-Φ ac em vez de 3-Φ ac. Esta topologia permite ligações à bateria de tração e ligações à bateria auxiliar. Os conversores CA-CC de ponte completa de díodos (D1-D6) são utilizados neste caso como conversor frontal. Semelhante ao IBC para SRMs, este IBC utiliza um circuito de recuperação de energia que é construído em torno de um indutorL1, condensadorC3, díodoD10 e IGBT-S4. A bateria auxiliar foi carregada utilizando um conversor dc-dc isolado unidirecional de meia ponte, constituído por um condensadorC4, díodosD11,D12, transformador de alta frequência, indutor L2 e IGBTs S5 e S6. Um meio termo que este conversor pode utilizar é estabelecido ligando os condensadores C1 e C2 em série. Este IBC tem três modos de funcionamento diferentes: carregar a bateria auxiliar a partir da bateria de tração, carregar a bateria de tração a partir da rede eléctrica ou carregar a bateria auxiliar a partir do gerador ligado ao ICE. 1st três (K1-K3) contactores são utilizados para desligar o motor elétrico acoplado ao ICE (no momento em que a rede eléctrica está ligada). K4 é utilizado quando o veículo está a funcionar no modo híbrido, utilizando o motor elétrico combinado com o ICE, e K5 é utilizado quando a bateria de tração é utilizada no modo de tração. Estes contactores são utilizados para mudar o modo de funcionamento.

Os mesmos autores também apresentaram um sistema comparável no mesmo ano (Figura 2.7b) [26], em que a máquina eléctrica acoplada ao ICE é igualmente uma SRM. A principal distinção entre o conversor utilizado nesta proposta para acionar a máquina acoplada ao ICE e o conversor utilizado para acionar a máquina principal na proposta anterior é que os enrolamentos podem ser reorganizados para serem separados através do contactor K3 ou ligados a um neutro comum. Da mesma forma, é possível fazer a interface com a rede eléctrica de 1-Φ, e a topologia permite o carregamento de baterias de tração e auxiliares. O sistema acima mencionado emprega um conversor dc-ac assimétrico médio para acionar o SRM principal (IGBTs S6-S11 e díodos D4-D9), para além do conversor para acionar a máquina eléctrica acoplada ao ICE (IGBTs S1-S3, díodos D1-D3). Utiliza também um conversor bidirecional buck-boost dc-dc (IGBTs S4, S5, indutorL1) que faz a interface com a bateria de tração (vbat1). São utilizados 6 contactos no sistema: K1 e K2 fazem a interface do conversor com a rede eléctrica de 1-Φ ac; K3 estabelece o ponto neutro do SRM acoplado ao ICE, como mencionado anteriormente; K4 carrega a bateria de tração a partir do SRM acoplado ao ICE; K5 acciona o SRM principal; e K6 carrega a bateria auxiliar (vbat2). Isto significa que, durante o funcionamento da tração, existem 5 modos de funcionamento diferentes, que são os seguintes (1) condução apenas com bateria, caso em que o automóvel funciona como um veículo elétrico; (2) condução apenas com SRM acoplado ao ICE, caso em que o SRM principal é alimentado apenas pela energia produzida pelo SRM; (3) condução híbrida com SRM acoplado ao ICE e bateria, caso em que as duas fontes acima mencionadas fornecem energia ao SRM principal; (4) Condução do SRM acoplado ao ICE e carregamento da bateria, em que a bateria de tração é carregada utilizando o excesso de energia produzida pelo SRM que excede a necessária para acionar o SRM primário; (5) Travagem regenerativa, em que a bateria de tração é carregada pelo SRM principal que funciona como gerador. Além disso, existem três formas diferentes de carregar a bateria quando o veículo está parado: (1) carregamento da bateria de tração a partir da rede eléctrica; (2) carregamento da bateria auxiliar a partir da rede eléctrica; ou (3) carregamento da bateria auxiliar a partir da bateria de tração.

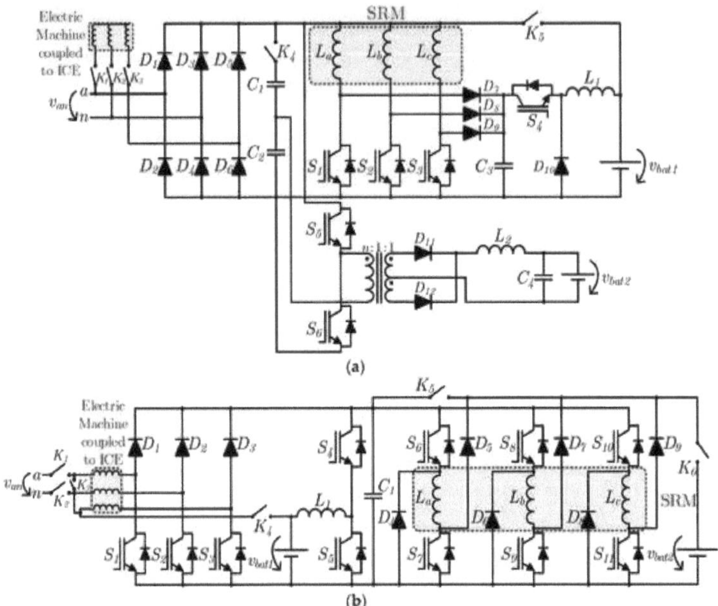

Figura 2.7- IBCs baseados em SRMs para automóveis PHEV que foram apresentados a partir de Cheng et al.(2020)(a) [25] e (b) [26].

Existem outras formas de integrar o carregador no atual motor de tração: integração parcial, integração total, etc. A integração parcial é a situação em que a IBC não utiliza o inversor de tração, os enrolamentos do motor ou outros componentes. A IBC fabricou o conversor fly-back, que foi acionado por um retificador convencional não regulado, tal como descrito em [27]. Uma perna do inversor de tração foi utilizada no projeto deste conversor fly-back. As topologias listadas na referência [27] foram utilizadas para incorporar um carregador de baterias que funciona com uma tensão monofásica de 1-Φ no conversor CC-CC do sistema de tração. [28] demonstrou carregadores que substituíram os carregadores convencionais anteriormente utilizados por carregadores que utilizavam accionamentos de tração. Uma vez que são necessários interruptores semicondutores adicionais para lidar com todas as cargas no canal de condução, existem perdas adicionais no modo de tração. Utilizando o inversor de binário e o motor de tração já presentes no IBC, bem como evitando a adição de peças passivas ou interruptores semicondutores, é possível integrar o carregador de baterias de uma forma altamente eficiente na conceção atual.

O inversor de tração e os enrolamentos da máquina foram ambos utilizados pelos IBCs descritos em [29] para que pudessem funcionar. Mesmo assim, estes carregadores exigiam a inclusão de um segundo retificador na entrada, e o Intelligent Battery Controller (IBC) descrito em [29] tinha de ser capaz de se ligar ao ponto neutro do motor de tração. Era imperativo que estes dois requisitos fossem cumpridos. O retificador não só acrescenta componentes à arquitetura, como a sua existência limita a capacidade do carregador para funcionar no sentido da carga com um único fator de potência. No entanto, acrescenta componentes extra à estrutura. Em [30], foram demonstradas topologias IBC monofásicas utilizando as bobinas e o acionamento de um motor de tração de relutância comutada. Isto foi conseguido sem a necessidade de quaisquer componentes adicionais. As referências [30], [31] e [32] oferecem sugestões para topologias de carregamento 1-Φ. Nestas topologias são utilizados dois accionamentos: um para tração, que contém quatro motores de tração nas rodas, e outro para máquinas multifásicas. O objetivo destes arranjos, que foram criados especialmente para esse fim, é recarregar automóveis eléctricos.

De acordo com o artigo [33], a ligação em série de dois enrolamentos de fase resultará na indutância efectiva mais elevada de 1 IBC. A fim de reduzir o binário produzido durante o carregamento da bateria, a posição do rotor t também deve ser alterada. Estas topologias apenas permitem ligações 1-Φ, o que limita as potências nominais que podem ser colocadas nos carregadores. Como resultado, a bateria carrega-se mais lentamente, mesmo quando estas configurações não requerem quaisquer componentes adicionais.

Os conjuntos integrados de baterias (IBC) ligados a 3Φ permitem o fabrico mais rápido de carregadores de alta potência. Por outro lado, os enrolamentos trifásicos da máquina podem produzir uma quantidade significativa de binário no veio do motor quando são estimulados por correntes 3-Φ suficientes. O binário do motor depende da tecnologia que utiliza. Os carregadores trifásicos podem ser classificados em dois tipos que se distinguem um do outro: Os motores de tração trifásicos e os motores de tração multifásicos são os dois tipos de IBCs utilizados. Um controlador de bateria trifásico integrado (IBC) foi descrito na referência [34]. Um motor de tração PM trifásico montado à superfície alimenta este IBC.

Os autores de [35,36] propuseram que a construção dos enrolamentos dos amortecedores minimizasse o binário gerado. Se o binário continuasse a ser produzido, era aconselhável aplicar os travões. Em primeiro lugar, para limitar o binário transmitido ao veio, o carregador só pode carregar com uma corrente reduzida. Em segundo lugar, se o carregador funcionar com uma corrente mais elevada, o binário que produz provocará a deterioração do sistema de acionamento mecânico do veículo e a emissão de ruídos e vibrações indesejáveis. Estas são as duas restrições que se aplicam às correcções recomendadas. Cada uma destas duas desvantagens é, por si só, desagradável. Quando um veículo elétrico está a carregar com o travão de mão acionado, a inércia do rotor dos motores é muito maior do que quando o veículo está a circular. Um pequeno movimento resulta do binário aplicado ao veio. Esta condição é causada pela extração de corrente eléctrica da bateria. A deslocação continua a provocar vibrações e ruídos indesejáveis para o veio do grupo motopropulsor, mesmo que não provoque realmente o movimento do veículo. É necessário modificar o design da suspensão para reduzir mecanicamente os ruídos e as vibrações, uma vez que estes são prejudiciais para a longevidade do veículo elétrico [37].

2.2 Declaração do problema

Como muitas empresas diferentes têm tomadas diferentes e potências diferentes, isto está a dificultar a universalidade do veículo. Por isso, em vez de levar um carregador separado e de o ligar a cada veículo. A ideia básica do seu projeto é ultrapassar o problema dos carregadores externos.

2.3 Objetivo

- O principal objetivo do nosso projeto é resolver o problema do carregamento fora de bordo.
- Um simples carregamento a bordo pode resolver o problema de transportar um carregador separado e de o ligar com base nos veículos individuais.
- Mas a instalação a bordo tem alguns desafios: os componentes de potência emitem calor e têm um ruído de frequência mais elevado. Tudo isto é minimizado pelo sistema que propusemos.

Capítulo 3- METODOLOGIA

3.1 Introdução

Nos últimos anos, os veículos eléctricos estão a tornar-se mais comuns porque utilizam a energia de forma eficiente e deixam pouco dióxido de carbono. À medida que mais pessoas mudam para veículos eléctricos, a necessidade de carregadores de bateria rápidos e fiáveis também aumentou. Com a crescente necessidade de transportes sustentáveis, a necessidade de um carregador de bateria integrado altamente eficiente e compacto para VEs tornou-se crucial.

Tradicionalmente, os VEs dependem de carregadores externos que são volumosos e pesados, tornando-os inadequados para VEs mais pequenos e causando inconvenientes aos utilizadores. É aqui que entram em ação os carregadores de bateria integrados. Estes carregadores são mais pequenos e compactos, o que os torna adequados para uma gama mais vasta de veículos eléctricos. Além disso, são leves, o que contribui para melhorar o desempenho geral e a autonomia dos veículos eléctricos.

A elevada eficiência energética é um dos aspectos mais importantes de um carregador de bateria integrado. A densidade de potência é a quantidade de energia que pode ser enviada através de um determinado espaço. No caso dos veículos eléctricos, um carregador de bateria de alta densidade de potência significa que o veículo pode ser carregado a um ritmo mais rápido, reduzindo o tempo necessário para o carregamento. Isto é especialmente benéfico para viagens de longa distância, uma vez que permite que os VE sejam carregados de forma rápida e eficiente durante as pausas, tornando-os uma melhor escolha para a utilização quotidiana.

Outro aspeto positivo de um carregador de bateria de alta densidade de potência é a sua capacidade de lidar com cargas de alta potência. Os veículos eléctricos necessitam de uma quantidade significativa de energia para serem carregados, e um carregador de alta densidade de potência pode lidar com esta carga sem qualquer problema. Isto é particularmente importante para as estações de carregamento rápido, onde vários veículos eléctricos são carregados simultaneamente. Com um carregador de bateria integrado de alta densidade de potência, o processo de carregamento pode ser simplificado, reduzindo os tempos de espera dos utilizadores e aumentando a eficiência da estação de carregamento.

Além disso, o tamanho compacto de um carregador de bateria integrado também tem um impacto positivo no design dos VEs. Uma vez que estes carregadores ocupam menos espaço, é possível atribuir mais espaço a outros componentes, como o conjunto de baterias. Isto pode ajudar a aumentar a autonomia dos veículos eléctricos, que é uma das principais preocupações dos potenciais compradores. Além disso, o tamanho mais pequeno do carregador também reduz o peso geral do veículo, o que, mais uma vez, contribui para a sua eficiência e desempenho.

O principal desafio no desenvolvimento de carregadores de baterias integrados de alta densidade de potência para veículos eléctricos é a gestão do calor gerado durante o processo de carregamento. À medida que a densidade de potência aumenta, aumenta também a quantidade de calor produzido. Isto pode levar a um sobreaquecimento, que pode danificar o carregador e reduzir a sua eficiência. Para resolver este problema, estão a ser desenvolvidos sistemas de arrefecimento avançados, como o arrefecimento líquido e o arrefecimento ativo, para garantir que o carregador funciona a temperaturas óptimas, mesmo com cargas de energia elevadas.

Em suma, o desenvolvimento de carregadores de baterias integrados de alta densidade de potência é um passo significativo para tornar os veículos eléctricos um modo de transporte comum. Estes carregadores oferecem uma série de vantagens, incluindo tempos de carregamento mais rápidos, maior eficiência e melhor desempenho dos veículos eléctricos. Com a investigação contínua e os avanços tecnológicos, vamos observar carregadores de bateria integrados ainda mais compactos e eficientes no futuro, impulsionando ainda mais a adoção de veículos eléctricos e reduzindo a nossa pegada de carbono.

Mas um dos principais problemas dos veículos eléctricos é o facto de só poderem ir até um determinado ponto com um único carregamento e a necessidade de carregamentos frequentes. Isto resultou no crescimento dos carregadores de bateria integrados IBC, que não só têm como objetivo melhorar a eficiência do carregamento, mas também tornar o processo mais conveniente para os proprietários de veículos eléctricos.

Um carregador de bateria integrado é um dispositivo concebido para carregar a bateria de um veículo elétrico enquanto este ainda está em movimento. Ao contrário dos carregadores externos tradicionais, que exigem que o veículo esteja estacionado e ligado à corrente, os carregadores integrados utilizam a tecnologia de travagem regenerativa para recarregar a bateria enquanto o automóvel está em movimento. Isto significa que a bateria está constantemente a ser carregada enquanto o carro está a ser conduzido, aumentando a sua autonomia e reduzindo a necessidade de paragens para carregamento.

Uma das principais vantagens dos carregadores de bateria integrados é a sua elevada eficiência. Os carregadores tradicionais podem perder até 20% da energia durante o processo de carregamento, enquanto os carregadores integrados têm uma taxa de eficiência de 95% ou superior. Isto deve-se ao facto de os carregadores integrados utilizarem a energia cinética do veículo para recarregar a bateria, tornando o processo mais eficiente em termos energéticos. Este facto não só reduz o tempo total de carregamento, como também conduz a uma poupança significativa de custos para os proprietários de veículos eléctricos.

Além disso, os carregadores de bateria integrados também estão equipados com algoritmos de carregamento avançados que determinam a taxa de carregamento ideal com base no estado atual da bateria. Isto evita o excesso de carga e ajuda a prolongar a vida útil da bateria. O também elimina o risco de danos devido a sobrecarga, que é uma preocupação comum com os carregadores tradicionais.

Para além da sua elevada eficiência, os carregadores de bateria integrados também oferecem comodidade e facilidade de utilização aos proprietários de veículos eléctricos. Com os carregadores tradicionais, os proprietários de veículos eléctricos têm de planear cuidadosamente as suas viagens para poderem encontrar estações de carregamento. Isto pode ser um grande inconveniente, especialmente em viagens de longa distância. No entanto, com os carregadores integrados, os proprietários de veículos eléctricos não têm de se preocupar em encontrar estações de carregamento, uma vez que a bateria está constantemente a ser recarregada durante a condução. Isto não só poupa tempo, como também torna as viagens de longa distância num veículo elétrico mais viáveis.

Outra vantagem dos carregadores de bateria integrados é o seu tamanho compacto e design leve. Os carregadores tradicionais podem ser volumosos e pesados, tornando-os difíceis de transportar e instalar. Por outro lado, os carregadores integrados são mais pequenos e podem ser facilmente integrados no sistema existente do veículo, sem adicionar qualquer peso extra. Isto torna-os ideais para todos os tipos de veículos eléctricos, incluindo automóveis, autocarros e até camiões.

Com o aumento da procura de veículos eléctricos, tem havido um desejo crescente de um método de carregamento que funcione melhor e seja mais fácil de utilizar. Os carregadores de bateria integrados surgiram como a resposta a esta necessidade, oferecendo elevada eficiência, conveniência e facilidade de utilização. Não só beneficiam os proprietários de veículos eléctricos, como também contribuem para um ambiente mais limpo e mais verde, reduzindo a pegada de carbono dos transportes.

3.2 Método proposto-

Em suma, os carregadores de bateria integrados revolucionaram o processo de carregamento de veículos eléctricos, tornando-o mais eficiente, conveniente e sustentável. Com a sua elevada eficiência, algoritmos de carregamento avançados e design compacto, estão preparados para se tornarem o futuro do carregamento de veículos eléctricos. Uma vez que a tecnologia continua a melhorar, esperamos ver mais desenvolvimentos inovadores no domínio dos carregadores de bateria integrados, melhorando ainda mais o desempenho e a autonomia dos veículos eléctricos. O esquema do carregador IBC para VEs é apresentado na Figura 3.1 e o carregador IBC proposto é apresentado (Figura 3.2).

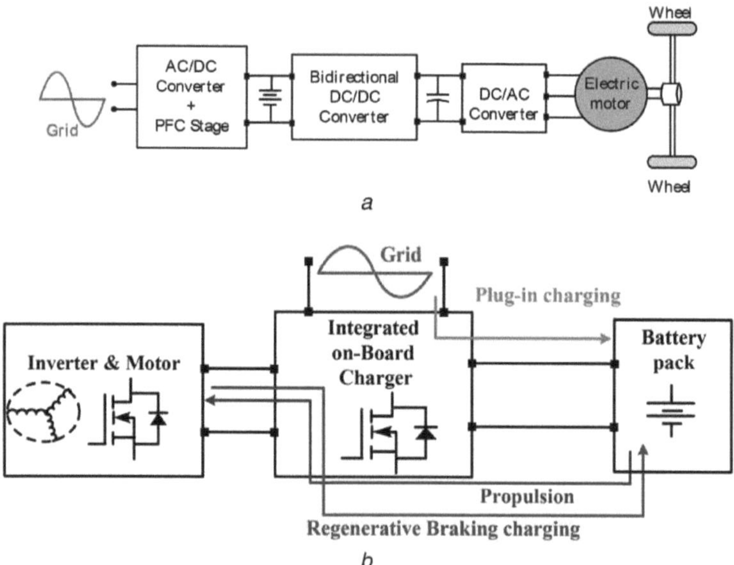

Figura 3.1 - Esquema de blocos do carregador IBC

Como se mostra na Figura 3.2, o sistema tem um carregador de bordo que é fornecido pela rede eléctrica. Tem um conversor e um conversor DC-DC utilizados para carregar a bateria.

A principal função de um conversor no IBC é regular o processo de carregamento. Garante que a bateria recebe sempre um nível estável e ótimo de corrente e tensão, evitando sobrecargas ou subcargas, que podem levar à degradação da bateria. Isto é crucial para manter a longevidade e o desempenho da bateria, bem como para garantir a segurança do veículo e dos seus ocupantes.

Outro papel importante do conversor é proporcionar o isolamento entre a rede eléctrica e o VE. Isto é conseguido através da utilização do isolamento galvânico, que impede que quaisquer potenciais perigos da rede eléctrica atinjam o sistema elétrico do veículo. O isolamento galvânico também protege a bateria de quaisquer perturbações eléctricas que possam ocorrer durante o carregamento, garantindo a sua segurança e fiabilidade.

Além disso, os conversores desempenham um papel fundamental na eficiência global do processo de carregamento. São concebidos com componentes de elevada eficiência que minimizam as perdas de energia durante a conversão. Isto significa que uma maior percentagem da eletricidade da rede eléctrica é utilizada para carregar a bateria, resultando num processo de carregamento mais eficiente e económico em . Isto é particularmente benéfico para os proprietários de veículos eléctricos, uma vez que reduz as suas contas de eletricidade e contribui para uma forma mais ecológica e duradoura de se deslocarem.

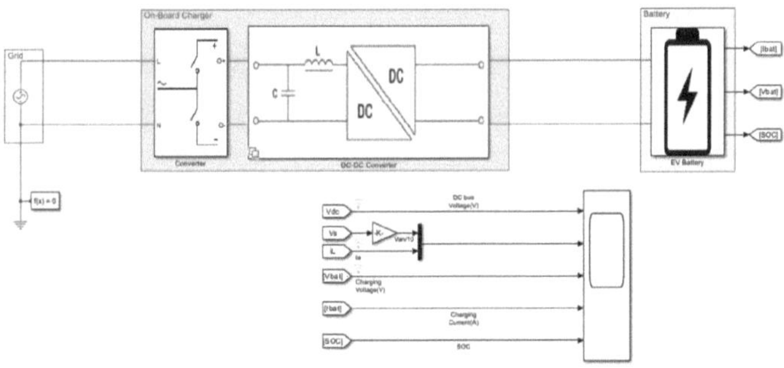

Figura 3.2 Carregador IBC proposto para VEs

Para além dos seus benefícios funcionais, os conversores também oferecem flexibilidade nas opções de carregamento para os proprietários de VE. Podem ser concebidos para suportar diferentes velocidades de carregamento, dependendo da capacidade da bateria e da infraestrutura de carregamento. Isto significa que os proprietários de veículos eléctricos podem optar por carregar os seus veículos rapidamente a uma velocidade de carregamento elevada, ou lentamente a uma velocidade de carregamento mais baixa, dependendo das suas necessidades e da disponibilidade de estações de carregamento. Esta flexibilidade é especialmente útil para os proprietários de veículos eléctricos que podem ter diferentes necessidades de carregamento em função da sua utilização diária e da distância percorrida.

Além disso, a integração de conversores em carregadores de baterias para veículos eléctricos permite um sistema de carregamento compacto e leve. Isto é particularmente vantajoso para os VEs, uma vez que reduz o peso geral do veículo, o que o ajuda a utilizar menos energia e a ir mais longe. Também torna o sistema de carregamento mais portátil, permitindo uma fácil instalação e utilização em diferentes locais.

A utilização de conversores em carregadores de baterias integrados para veículos eléctricos é crucial para garantir um processo de carregamento seguro, eficiente e fiável. Com a sua capacidade de regular o processo de carregamento, proporcionar isolamento, melhorar a eficiência e oferecer flexibilidade, os conversores são uma grande parte da forma como a tecnologia dos veículos eléctricos está a melhorar. À medida que o número de pessoas que querem comprar VEs continua a aumentar, o crescimento e a integração de conversores de alta qualidade nos carregadores de baterias continuarão a ser um foco fundamental, introduzindo melhorias na forma como viajamos que são melhores para o ambiente e duram mais tempo.

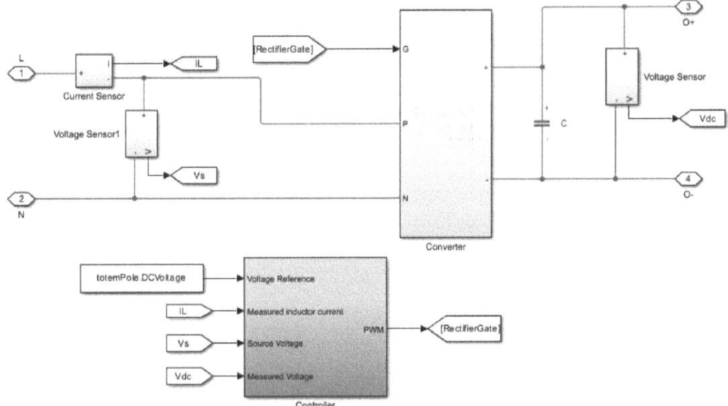

Figura 3.3 - Conversor proposto

A energia é armazenada no indutor L sempre que o interrutor de alimentação se liga, e a corrente do indutor cresce linearmente até I_{Lmax}. O interrutor de alimentação funciona como um interrutor aberto quando é desligado, e um indutor perde a sua energia armazenada para uma carga através de um díodo durante este tempo. Além disso, o sistema é executado em modo de condução contínua para examinar a tensão final resultante e a corrente do indutor.

A relação entre o ganho de tensão (Vo/Vi) e o ciclo de funcionamento δ é a seguinte

$$\frac{Vo}{Vi} = \frac{1}{(1-\delta)} \qquad \text{---------(1)}$$

Neste caso, a tensão constante Vi fornece a tensão de saída, ou Vo. O rácio de ganho de tensão pode ser determinado pelo ciclo de funcionamento do sinal de comutação (δ).

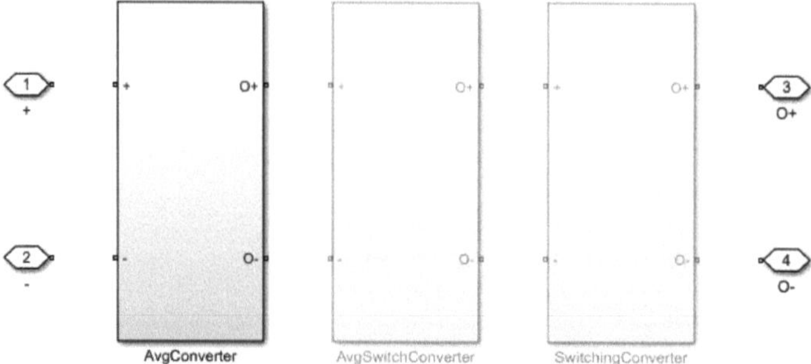

Figura 3.4 Sugestão de conversor CC-CC

L pode ser utilizado para verificar se o conversor funciona em modo contínuo ou descontínuo quando a corrente do indutor (I_L) está a funcionar, permitindo obter um valor para o indutor utilizando

$$L \geq \frac{\delta(1-\delta)^2 R}{2fs} \quad \text{-----(2)}$$

em que R é a carga resistiva colocada ao longo do condensador e fs -Frequência de comutação. O valor da capacitância é determinado por-

$$C \geq \frac{\delta Vo}{\mathrm{R} fs \Delta Vo} \quad \text{-----(3)}$$

em que ΔVo é a ondulação da tensão de saída.

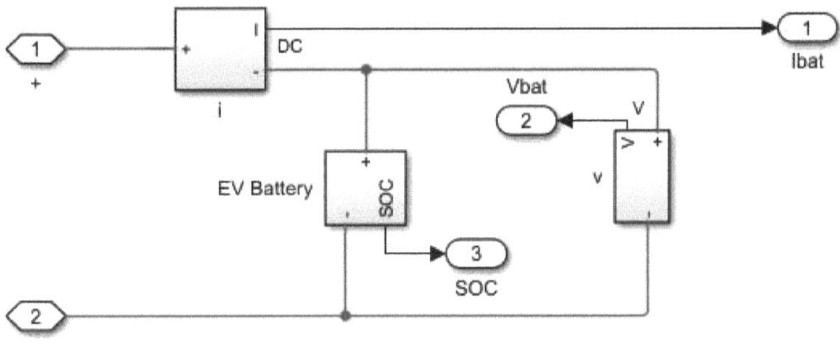

Figura 3.5 Bateria para VE

O sistema de previsão de energia que foi construído depende das necessidades específicas de energia de cada cliente individual. O sistema de previsão de energia responde pronta e eficazmente à infraestrutura de carregamento durante os períodos de elevada procura de energia. A potência necessária para carregar o veículo é determinada pelo estado de carga (SOC) do veículo, pela duração da ligação à corrente e pelo modo de carregamento.

$$P_{EVi} = \frac{S_{EVi,req} - S_{EVi} \times C_{EVi}}{PT_{EVi}} \qquad \text{----(4)}$$

O SOC necessário aplicado pelo i^{th} cliente através da interface homem-máquina-i é denotado como $S_{EVi,req}$. O tempo de conexão definido para aclimatar o modo de carregamento correspondente é referido como PT_{EVi}. A capacidade da bateria do i^{th} VE é representada por C_{EVi}. Quando existem várias ligações de veículos eléctricos (VE), as necessidades de energia são determinadas utilizando a seguinte equação:

$$P_{EVs} = \sum_{i=1}^{N} P_{EVi} \qquad \text{-----(5)}$$

Quando um veículo elétrico (VE) específico (referido como "i^{th}-EV") está ligado à estação de carregamento, o BMS vai avaliar o fornecimento de energia a partir da interface homem-máquina do VE e fazer ajustes para compensar qualquer falta de energia durante o processo de carregamento. A ESU é monitorizada em tempo real em relação ao PT_{EVi}.

$$P_{BSB} = \frac{S_{ESU} - S_{ESU,opt} \times C_{ESU}}{\sum_{i=1}^{N} P_{EVi}} \qquad \text{---(6)}$$

A variável $S_{ESU,opt}$ representa a taxa de SOC em que a ESU está fora de serviço. C_{ESU} denota a capacidade da ESU, enquanto S_{ESU} representa o SOC instantâneo. O algoritmo de previsão de energia quantifica a procura de energia em cada ponto de carregamento e fornece a eletricidade mais eficiente tanto ao utilizador do veículo elétrico como ao proprietário da tomada de carregamento.

Capítulo 4- RESULTADOS E DISCUSSÕES

4.1 Resultados

A simulação do sistema proposto requer algumas definições. Antes de passarmos aos resultados finais e à conclusão, definimos alguns parâmetros iniciais como nas Figuras 4.1 a 4.3

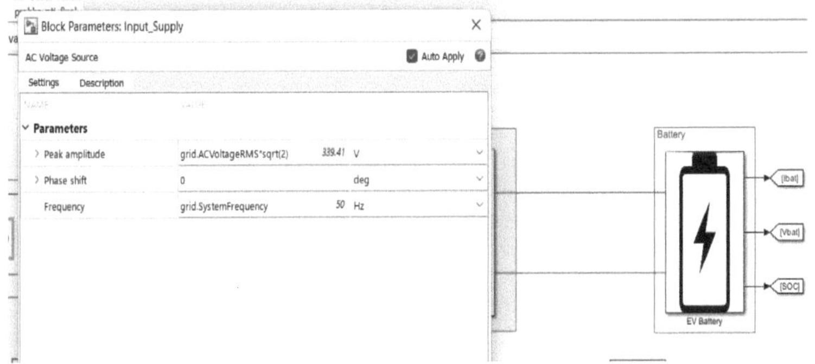

Figura 4.1 - Alimentação de entrada

Ajustamos os parâmetros iniciais para a tensão de alimentação de entrada da rede: - Tensão de alimentação de 229,41V com frequência de entrada de 50Hz, como mostra a Figura 4.1.

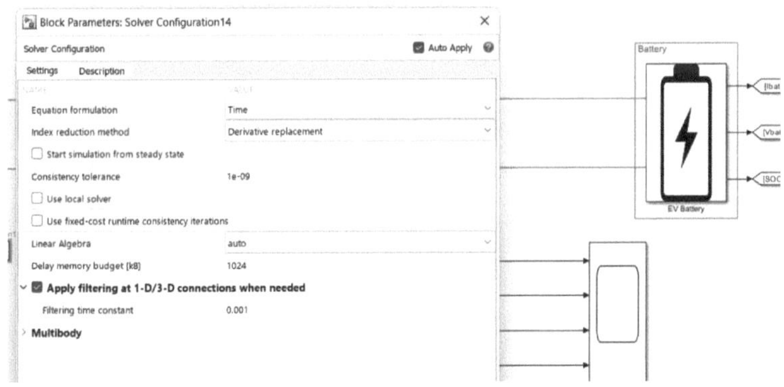

Figura 4.2 - Definição do filtro

A figura 4.2 mostra o ajuste dos parâmetros do filtro. O filtro foi ajustado com uma constante de tempo de filtragem de 0,001 segundos.

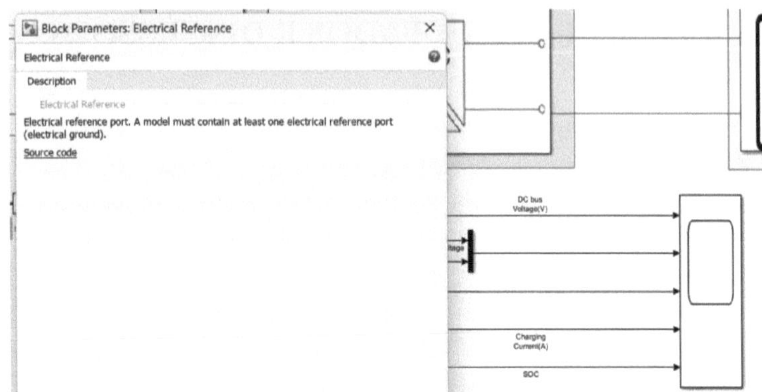

Figura 4.3 - Porta de referência eléctrica

A Figura 4.3 mostra a inicialização da porta de referência eléctrica. Para o carregamento, é necessário inicializar pelo menos uma porta como porta de referência.

A Figura 4.4 é uma representação dos resultados obtidos a partir das simulações efectuadas numa variedade de componentes. Para além da tensão DV, estes resultados incluem a corrente de carga da bateria, o SoC da bateria, a tensão nos terminais da bateria, a tensão e a corrente da rede e a tensão nos terminais da bateria. A validação do modelo da máquina e do seu controlo foi realizada através de experiências físicas e simulações. Estes ensaios foram realizados com o objetivo de testar várias topologias de IBC. A utilização de referências de corrente permite que o carregador funcione com um fator de potência unitário na carga, fator de potência 0,9 na carga e fator de potência unitário na descarga. Isto é possível graças à utilização de referências de corrente. Todas estas caraterísticas estão disponíveis para o utilizador devido ao carregador que está incluído no dispositivo. O gráfico que pode ser visto abaixo (FIG. 4.4) ilustra a tensão do barramento CC, a corrente da rede, a tensão do terminal da bateria e a corrente de carga para ambos os conversores CC-CC normais. O gráfico pode ser consultado em baixo. Além disso, a narrativa incorpora o fluxo de corrente eléctrica que ocorre durante o processo de carregamento. Não há alteração na taxa a que a bateria está a ser carregada; continua a atingir 16,67A. Em conjunto, a tensão da rede e a corrente da rede estão em perfeita harmonia uma com a outra. A partir do seu estado anterior de 400V, a tensão do condensador intermédio não se altera, e a tensão da rede também não sofre qualquer alteração.

A Figura 4.4 mostra a tensão de saída do conversor, que é mantida a 400V constantes, a corrente de carga da bateria, a tensão da rede, o SoC da bateria e a tensão terminal.

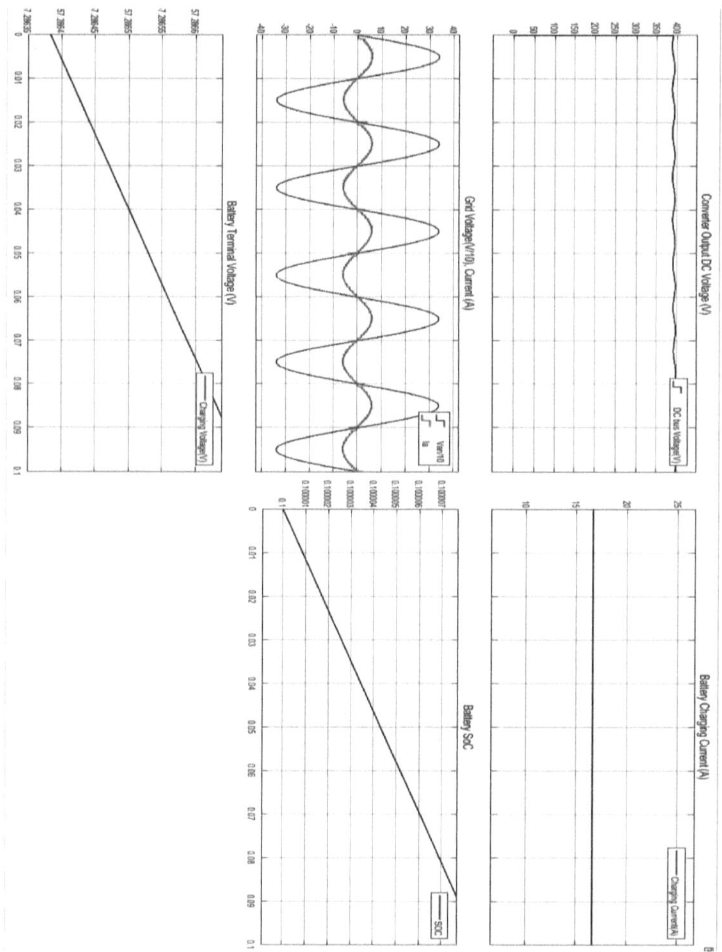

Figura 4.4 - Resultado da simulação do sistema proposto.

4.2 Discussão-

No âmbito desta investigação, vai ser apresentada uma ideia distinta para uma unidade de potência OBC-LDC integrada. Especificamente, esta ideia pretende ser explorada para encontrar soluções para os problemas que foram encontrados em esforços de investigação anteriores. Atualmente, o aparelho está dimensionado para 230 volts, 50 hertz e um quilowatt de potência. Com uma capacidade de cinquenta amperes-hora, uma tensão de sessenta volts e uma capacidade de carga de três quilowatts-hora, a bateria de iões de lítio que é responsável pela alimentação do veículo elétrico é excecional. Enquanto a bateria está a ser carregada, o condensador intermédio e a corrente de carga da bateria são mantidos nos seus respectivos níveis pré-determinados de 400V e 16,67A, respetivamente. Isto é feito durante todo o processo. É formada uma ligação entre um inversor de alta frequência que está ligado ao transformador e o lado principal do transformador. O inversor tem uma capacidade de 400 volts e 6 amperes, e está ligado ao transformador. É possível estabelecer uma ligação entre o lado secundário do transformador e díodos que têm uma tensão nominal de 150 volts e uma corrente nominal de 20 amperes.

Como foi dito anteriormente, o conceito que serve de base para a unidade de potência integrada OBC-LDC não isolada que está representada nas Figuras 4.5 e 4.6 é a fundação. O H-LDC, o L-LDC e o OBC que não está isolado do resto do sistema são os componentes que constituem este sistema. Os conversores de baixa queda (LDCs) equipados com redes ressonantes LLC são utilizados por todos os países menos desenvolvidos (LDC) do mundo. Devido a esta ação específica, que visa melhorar a eficiência e a densidade de potência do conversor, este é capaz de funcionar eficazmente com uma vasta gama de tensões de entrada e de saída. Existe uma vasta gama de tensões de entrada e de saída. Além disso, para assegurar que o tanque ressonante do H-LDC e do OBC são mantidos afastados um do outro, o equipamento está equipado com um interrutor de seleção que está incluído no mesmo.

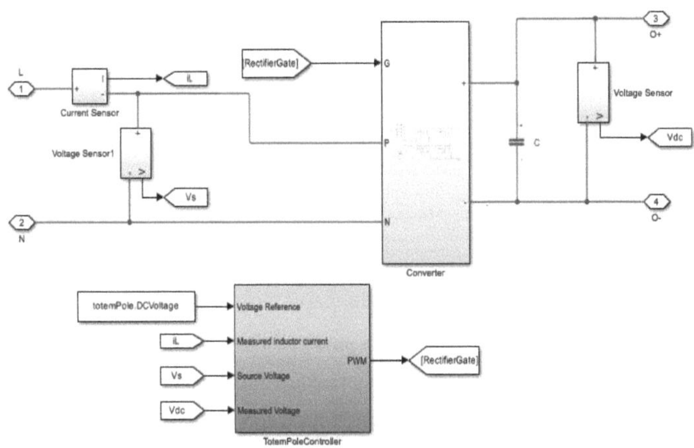

Figura 4.5: Modelo OBC

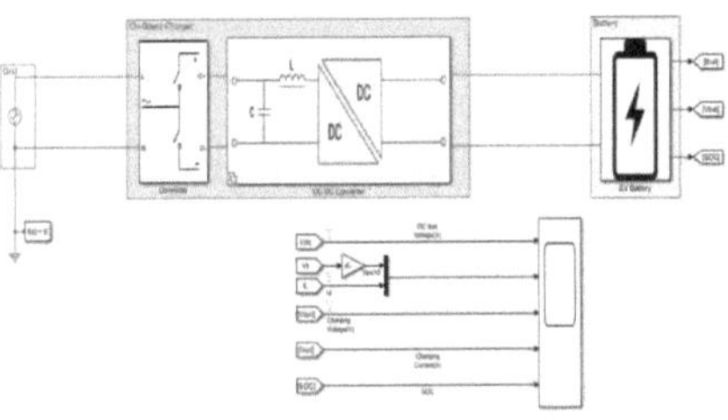

Figura 4.6 - Configuração do carregador de baterias proposto

O automóvel elétrico é composto por três componentes principais: a rede, o carregador de bordo (OBC) e a bateria. Estes três componentes são as partes mais importantes do veículo. Este carregador está classificado para 230 volts, 50 hertz e um quilowatt de potência. São estas as especificações a que obedece. A bateria de iões de lítio, que funciona a sessenta volts e cinquenta amperes-hora, é a fonte de energia dos veículos eléctricos. Tem uma capacidade de três quilowatts-hora e funciona a essa tensão. A tensão do condensador intermédio é mantida a uma tensão constante de 400 V e a corrente utilizada para carregar a bateria é mantida a uma tensão constante de 16,67 A. Ambos os valores são mantidos em todas as circunstâncias.

Para efeitos deste exemplo específico, é utilizado um conversor de ponte completa isolado para proporcionar uma separação eléctrica entre a rede e as baterias. Esta separação é necessária para garantir a estabilidade. O lado primário do transformador está ligado ao inversor de alta frequência, que tem uma potência nominal de 400 volts e 6 amperes. Esta potência é atribuída ao inversor. Quando o transformador está na sua configuração secundária, os díodos com uma tensão nominal de 150V e uma corrente nominal de 20A são ligados ao lado secundário do transformador utilizando a configuração secundária.

Capítulo 5- CONCLUSÃO E ESCOPO FUTURO

5.1 Conclusão

Os carregadores de bateria integrados (IBC) propostos neste estudo permitem o carregamento rápido de baterias. A solução IBC é mais compacta e significativamente mais leve do que os carregadores externos concebidos apenas para o carregamento de baterias. A eficiência dos carregadores de baterias integrados (IBC) pode ser diferente da dos carregadores de baterias especializados devido à presença de fontes adicionais de perdas, tais como contactores e ímanes do rotor, quando comparados com os carregadores de baterias especializados. Ao mesmo tempo, estas perdas podem ser reduzidas ao mínimo através da otimização do acionamento ao longo do processo de conceção da placa de circuito integrado (IBC). Devido ao facto de os protótipos de laboratório não corresponderem ao sistema integrado previsto, a tese não procedeu a uma análise completa da eficiência dos carregadores de baterias integrados. Isto deveu-se ao facto de o sistema integrado ter sido antecipado. Foi realizado um estudo de elementos finitos para examinar o impacto de um IBC numa máquina síncrona de seis fases. O estudo centrou-se na análise da distribuição de forças e das densidades de fluxo no entreferro da máquina durante a operação de carregamento com cancelamento de binário.

Os resultados analíticos indicam que o limite de corrente do processo de carga é determinado pela distribuição da densidade de fluxo, que resulta na saturação do estator. Os resultados da experiência indicam que a corrente de carga deve ser inferior à corrente nominal do equipamento que está a ser carregado. Além disso, foi demonstrado que um motor síncrono de seis fases com a mesma potência nominal é mais eficazmente equipado com um enrolamento de passo completo do que com um enrolamento de passo curto (com uma diferença de uma ranhura). Isto deve-se ao facto de o enrolamento de passo completo ter um maior nível de eficiência. Esta ação é tomada para evitar a ocorrência de saturação. Desta forma, conseguimos evitar que o motor ficasse saturado. A indutância dos enrolamentos do motor serviu de base para os numerosos conselhos de conceção que foram feitos e que também foram incluídos no pacote.

Nos últimos anos, os veículos eléctricos tornaram-se mais comuns porque são melhores para o ambiente e mais baratos. No entanto, um dos principais problemas dos veículos eléctricos é o facto de terem uma autonomia reduzida e demorarem muito tempo a carregar. Para resolver este problema, os investigadores têm trabalhado continuamente no desenvolvimento de carregadores de bateria de alta potência e eficientes para VEs. Neste artigo, discutiremos o conceito de bateria integrada carregadores para VEs com elevada densidade de potência e eficiência e o seu potencial impacto no futuro do transporte elétrico.

Um carregador de bateria integrado para veículos eléctricos é um sistema que combina as funções de um carregador de bateria e de um inversor numa única unidade. Esta integração elimina a necessidade de componentes separados, reduzindo o peso total e a complexidade do veículo elétrico. Isto, por sua vez, aumenta a densidade de potência, que indica a quantidade de energia que pode ser enviada por unidade de tamanho ou peso. Uma maior densidade de potência indica que o carregador pode colocar mais potência numa embalagem mais pequena e mais leve. Isto torna-o melhor para os veículos eléctricos (VE).

Uma das melhores caraterísticas de um IBC é a sua elevada eficiência. A eficiência é a medida da quantidade de energia convertida em trabalho útil e é crucial para o funcionamento dos veículos eléctricos. Quanto maior for a eficiência, menos energia é desperdiçada, o que resulta numa maior autonomia e em custos de funcionamento mais baixos. Os carregadores de bateria integrados são conhecidos por terem uma eficiência mais elevada em comparação com os componentes separados, devido à redução das perdas na conversão de energia e a uma melhor gestão térmica.

Outra vantagem significativa de um carregador de bateria integrado é a sua capacidade de fluxo de energia bidirecional. Isto significa que pode não só carregar a bateria a partir da rede, mas também descarregá-la de volta para a rede quando necessário. Esta caraterística é particularmente útil em aplicações como os sistemas veículo-para-rede (V2G), em que os VE podem atuar como dispositivos de armazenamento de energia e fornecer energia à rede durante os períodos de pico de procura. Também permite o carregamento rápido, que é crucial para viagens de longa distância e pode reduzir significativamente o tempo de carregamento.

O desenvolvimento de carregadores de bateria integrados com elevada densidade de potência e eficiência tem sido possível graças aos avanços nas tecnologias de eletrónica de potência e de semicondutores. Estes avanços permitiram a integração de múltiplas funções num único chip, resultando em carregadores de bateria mais pequenos e mais eficientes. Além disso, a utilização de semicondutores de banda larga, como o carboneto de silício e o nitreto de gálio, melhorou ainda mais a eficiência e a densidade de potência dos carregadores.

O impacto dos carregadores de bateria integrados no futuro do transporte elétrico é significativo. Têm o potencial de ultrapassar as limitações dos veículos eléctricos, tornando-os uma opção mais viável para os consumidores. Com uma maior densidade de potência e eficiência, os VEs podem alcançar uma maior autonomia de condução e tempos de carregamento mais rápidos, respondendo às preocupações com a ansiedade de autonomia e os longos tempos de espera nas estações de carregamento. Isto, por sua vez, pode levar a uma maior adoção dos VE, reduzindo a dependência dos combustíveis fósseis e as emissões de carbono.

Em resumo, o conceito de um carregador de baterias integrado para veículos eléctricos com elevada densidade de potência e eficiência tem o potencial de revolucionar a indústria dos transportes eléctricos. O seu tamanho compacto, a capacidade de fluxo de energia bidirecional e a elevada eficiência fazem dele uma solução ideal para as limitações dos veículos eléctricos. Com investigação e desenvolvimento contínuos, podemos esperar ver carregadores de bateria integrados mais avançados e eficientes no futuro, tornando os VE um modo de transporte mais atrativo e sustentável.

5.2 Âmbito futuro

Com a crescente procura de veículos eléctricos, há necessidade de carregadores de baterias mais eficientes e com maior densidade de potência para apoiar o mercado em crescimento. Este facto levou ao desenvolvimento de carregadores de bateria integrados para veículos eléctricos, que oferecem uma elevada densidade de potência e eficiência, tornando-os uma tecnologia promissora para o futuro.

Os carregadores de bateria integrados combinam as funções do sistema de carregamento da bateria e do conversor DC-DC numa única unidade, tornando-se uma solução compacta e eficiente para os veículos eléctricos. Estes carregadores utilizam eletrónica de potência avançada e algoritmos de controlo para otimizar o processo de carregamento, resultando numa maior eficiência e em tempos de carregamento mais rápidos. Esta é uma vantagem significativa em relação aos carregadores tradicionais, que requerem componentes separados para os processos de carregamento e conversão, o que leva a um aumento do tamanho, peso e custo.

Uma elevada eficiência energética é uma das melhores coisas dos carregadores de bateria integrados. Por este motivo, podem oferecer muita potência num pacote pequeno e leve. Isto é muito importante para os veículos eléctricos (VEs) porque poupa espaço e peso, o que significa que os carros podem ir mais longe e ter um melhor desempenho geral. Os VEs podem competir com os carros a gasolina no que diz respeito à quilometragem e à velocidade, uma vez que são utilizados carregadores de bateria incorporados.

Além disso, os carregadores de bateria integrados também oferecem uma elevada eficiência, o que é essencial para a utilização sustentável da energia. Estes carregadores utilizam técnicas avançadas de conversão de energia, como a modulação por largura de impulso (PWM) e a comutação suave, para minimizar as perdas de energia durante o processo de carregamento. Isto não só reduz o tempo de carregamento como também poupa energia, tornando os VE mais amigos do ambiente. Com o crescente enfoque na redução das emissões de carbono e na promoção das energias renováveis, os carregadores de bateria integrados podem desempenhar um papel significativo na consecução destes objectivos.

Outra vantagem dos carregadores de bateria integrados é a sua compatibilidade com diferentes normas de carregamento. O mercado dos veículos eléctricos (VE) precisa de ser normalizado para poder continuar a crescer. Os carregadores de bateria integrados podem suportar vários padrões de carregamento, como CHAdeMO, CCS e GB / T, tornando-os uma solução versátil para os fabricantes de EV. Isto também permite uma adoção mais rápida dos VEs, uma vez que os clientes podem carregar os seus veículos em qualquer estação de carregamento sem se preocuparem com questões de compatibilidade.

O futuro dos carregadores de bateria integrados é vasto, uma vez que muito mais pessoas vão querer veículos eléctricos nos próximos anos. Estes carregadores tornaram-se mais úteis e económicos à medida que a tecnologia foi melhorando, o que os torna uma boa escolha para a produção em massa. Além disso, a integração da tecnologia de carregamento sem fios com os carregadores de bateria integrados está também a ser explorada, o que irá melhorar ainda mais a comodidade e a experiência do utilizador de veículos eléctricos.

Os carregadores de baterias integrados têm um futuro brilhante no mercado dos veículos eléctricos, uma vez que a sua elevada densidade de potência e eficiência fazem deles uma tecnologia promissora. A utilização destes carregadores ajudará o mundo a avançar para um futuro mais limpo e sustentável, reduzindo a poluição por carbono e incentivando a utilização de energia limpa. Desde que continuem a surgir novas ideias e melhorias, os carregadores de bateria integrados poderão mudar a forma como carregamos os veículos eléctricos e ajudar a tornar o futuro mais saudável.

REFERÊNCIAS

[1]. Dudek, E. A Flexibilidade do Carregamento Doméstico de Veículos Eléctricos: O Projeto Nação Eléctrica. *IEEE Power Energy Mag.* **2021**, *19*, 16-27. [**Google Scholar**] [**CrossRef**]

[2]. Lee, Z.J.; Sharma, S.; Low, S.H. Ferramentas de investigação para o carregamento inteligente de veículos eléctricos: Uma introdução ao portal de investigação da rede de carregamento adaptável. *IEEE Electrif. Mag.* **2021**, *9*, 29-36. [**Google Scholar**] [**CrossRef**]

[3]. Sun, X.; Li, Z.; Wang, X.; Li, C. Desenvolvimento tecnológico de veículos eléctricos: A Review. *Energias* **2019**, *13*, 90. [**Google Scholar**] [**CrossRef**] [**Versão Verde**]

[4]. Afonso, J.L.; Cardoso, L.A.L.; Pedrosa, D.; Sousa, T.J.C.; Machado, L.; Tanta, M.; Monteiro, V. A Review on Power Electronics Technologies for Electric Mobility. *Energias* **2020**, *13*, 6343. [**Google Scholar**] [**CrossRef**]

[5]. Sayed, K.; Almutairi, A.; Albagami, N.; Alrumayh, O.; Abo-Khalil, A.G.; Saleeb, H. A Review of DC-AC Converters for Electric Vehicle Applications (Revisão dos conversores CC-CA para aplicações em veículos eléctricos). *Energies* **2022**, *15*, 1241. [**Google Scholar**] [**CrossRef**]

[6]. Chakraborty, S.; Vu, H.-N.; Hasan, M.M.; Tran, D.-D.; Baghdadi, M.E.; Hegazy, O. DC-DC Converter Topologies for Electric Vehicles, Plug-in Hybrid Electric Vehicles and Fast Charging Stations: Estado da Arte e Tendências Futuras. *Energias* **2019**, *12*, 1569. [**Google Scholar**] [**CrossRef**] [**Versão Verde**]

[7]. Pedrosa, D.; Monteiro, V.; Sousa, T.J.C.; Machado, L.; Afonso, J.L. Conversor de Potência Unificado Baseado numa Máquina Síncrona de Ímanes Permanentes de Duplo Estator para Acionamento de Motores e Carregamento de Baterias de Veículos Eléctricos. *Energias* **2021**, *14*, 3344. [**Google Scholar**] [**CrossRef**]

[8]. Yilmaz, M.; Krein, P.T. Revisão das Topologias de Carregadores de Baterias, Níveis de Potência de Carregamento e Infra-estruturas para Veículos Eléctricos e Híbridos Plug-in. *IEEE Trans. Power Electron.* **2013**, *28*, 2151-2169. [**Google Scholar**] [**CrossRef**]

[9]. Sousa, T.J.C.; Monteiro, V.; Pedrosa, D.; Machado, L.; Afonso, J.L. Sistemas Unificados de Tração e Carregamento de Baterias de Veículos Eléctricos: Uma

Perspetiva de Sustentabilidade. *EAI Endorsed Trans. Energy Web* **2021**, *8*, 170557. [**Google Scholar**] [**CrossRef**]

[10]. Thimmesch, D. *Integral Inverter/Battery Charger for Use in Electric Vehicles*; Departamento de Energia dos EUA/NASA: Springfield, VA, EUA, 1983. [**Google Scholar**].

[11]. Thimmesch, D. Um inversor SCR com um carregador de bateria integral para veículos eléctricos. *IEEE Trans. Ind. Appl.* **1985**, *IA-21*, 1023-1029. [**Google Scholar**] [**CrossRef**]

[12]. Rippel, W. Integrated Traction Inverter and Battery Charger Apparatus (Inversor de Tração Integrado e Aparelho Carregador de Baterias). Patente dos E.U.A. 1990. [**Google Scholar**].

[13]. Rippel, W.; Cocconi, A. Sistema integrado de acionamento e recarga de motores. Patente dos E.U.A. 1992. [**Google Scholar**].

[14]. Cocconi, A. Sistema combinado de acionamento de motor e carregador de bateria. Patente dos E.U.A. 1994. [**Google Scholar**].

[15]. Solero, L. Carregador de bordo não convencional para baterias de propulsão de veículos eléctricos. *IEEE Trans. Veh. Technol.* **2001**, *50*, 144-149. [**Google Scholar**] [**CrossRef**]

[16]. Pellegrino, G.; Armando, E.; Guglielmi, P. Um carregador de bateria integral com correção do fator de potência para scooters eléctricas. *IEEE Trans. Power Electron.* **2010**, *25*, 751-759. [**Google Scholar**] [**CrossRef**] [**Versão Verde**]

[17]. Hegazy, O.; Barrero, R.; Van Mierlo, J.; Lataire, P.; Omar, N.; Coosemans, T. Uma interface avançada de eletrónica de potência para aplicações em veículos eléctricos. *IEEE Trans. Power Electron.* **2013**, *28*, 5508-5521. [**Google Scholar**] [**CrossRef**]

[18]. Pollock, C.; Thong, W.K. Accionamentos de relutância comutada alimentados por bateria de baixo custo com capacidade de carregamento integral da bateria. *IEEE Trans. Ind. Appl.* **2000**, *36*, 1676-1681. [**Google Scholar**] [**CrossRef**]

[19]. Chang, H.-C.; Liaw, C.-M. Desenvolvimento de um acionamento de motor de relutância comutada compacto para propulsão de veículos eléctricos com capacidades de carregamento de reforço de tensão e PFC. *IEEE Trans. Veh. Technol.* **2009**, *58*, 3198-3215. [**Google Scholar**] [**CrossRef**]

[20]. Chang, H.; Liaw, C. Um Motor de Relutância Comutada de Condução/Carregamento Integrado usando um Módulo de Potência Trifásico. *IEEE Trans. Ind. Electron.* **2011**, *58*, 1763-1775. [**Google Scholar**] [**CrossRef**]

[21]. Hu, Y.H.; Song, X.G.; Cao, W.P.; Ji, B. Nova unidade SR com capacidade de carregamento integrada para veículos eléctricos híbridos plug-in (PHEVs). *IEEE Trans. Ind. Electron.* **2014**, *61*, 5722-5731. [**Google Scholar**] [**CrossRef**] [**Versão Verde**]

[22]. Hu, Y.; Gan, C.; Cao, W.; Li, C.; Finney, S. Split Converter-Fed SRM Drive for Flexible Charging in EV/HEV Applications. *IEEE Trans. Ind. Electron.* **2015**, *62*, 6085-6095. [**Google Scholar**] [**CrossRef**] [**Versão Verde**]

[23]. Hu, K.W.; Yi, P.H.; Liaw, C.M. Uma unidade EV SRM alimentada por bateria/supercapacitor com capacidades G2V e V2H/V2G. *IEEE Trans. Ind. Electron.* **2015**, *62*, 4714-4727. [**Google Scholar**] [**CrossRef**]

[24]. Ma, M.; Chang, Z.; Hu, Y.; Li, F.; Gan, C.; Cao, W. Uma topologia integrada de acionamento de motor de relutância comutada com capacidades de aumento de tensão e carregamento a bordo para veículos elétricos híbridos plug-in (PHEVs). *IEEE Access* **2018**, *6*, 1550-1559. [**Google Scholar**] [**CrossRef**]

[25]. Cheng, H.; Wang, Z.; Yang, S.; Huang, J.; Ge, X. Uma topologia integrada de grupo motopropulsor SRM para veículos eléctricos híbridos plug-in com capacidades múltiplas de condução e carregamento a bordo. *IEEE Trans. Transp. Electrif.* **2020**, *6*, 578-591. [**Google Scholar**] [**CrossRef**]

[26]. Cheng, H.; Wang, L.; Xu, L.; Ge, X.; Yang, S. Uma topologia integrada de grupo motopropulsor electrificado com SRG e SRM para veículos eléctricos híbridos plug-in. *IEEE Trans. Ind. Electron.* **2020**, *67*, 8231-8241. [**Google Scholar**] [**CrossRef**]

[27]. S. Funatsu et al., "GaN Based Modified Integrated On-Board Charger Configuration Using Minimum Additional Active and Passive Components," 2023 IEEE Energy Conversion Congress and Exposition (ECCE), Nashville, TN, EUA, 2023, pp. 1976-1981, doi: 10.1109/ECCE53617.2023.10362905.

[28]. Shalaby, M. F. Shaaban, M. Mokhtar, H. H. Zeineldin e E. F. El-Saadany, "A Dynamic Optimal Battery Swapping Mechanism for Electric Vehicles Using an LSTM-Based Rolling Horizon Approach," in IEEE Transactions on Intelligent Transportation Systems, vol. 23, n.º 9, pp. 15218-15232, Sept. 2022, doi: 10.1109/TITS.2021.3138892.

[29]. Y. Song, P. Li, Y. Zhao e S. Lu, "Conceção e integração do carregador bidirecional de veículos eléctricos na microrrede como fonte de alimentação de emergência", Conferência Internacional de Eletrónica de Potência de 2018 (IPEC-Niigata 2018 -ECCE Asia), Niigata, Japão, 2018, pp. 3698-3704, doi: 10.23919/IPEC.2018.8507385.

[30]. Mittal, K. Janardhan e A. Ojha, "Sistema solar fotovoltaico ligado à rede baseado em inversor multinível com controlo do fluxo de potência", *Conferência Internacional de 2021 sobre Energia Sustentável e Transportes Eléctricos do Futuro (SEFET)*, Hyderabad, Índia, 2021, pp. 1-6, doi: 10.1109/SeFet48154.2021.9375753.

[31]. K. Janardhan, P. Parthasarathi, N. Karyemsetty, A. K, R. Krishnamoorthy e K. Umapathy, "Device Free Human Body Fall Detection to Aid Senior Citizen," *2022 6th International Conference on Electronics, Communication and Aerospace Technology*, Coimbatore, India, 2022, pp. 1158-1162, doi: 10.1109/ICECA55336.2022.10009573.

[32]. S. Sen, S. P. Singh e S. G. Choudhuri, "Control of Differential Boost Inverter Based Integrated EV Charger Using Traction Machine Winding Inductances," 2022 International Conference for Advancement in Technology (ICONAT), Goa, Índia, 2022, pp. 1-5, doi: 10.1109/ICONAT53423.2022.9726051.

[33]. U. B S, V. Khadkikar, H. H. Zeineldin, S. Singh, H. Otrok e R. Mizouni, "Transferência direta de energia de veículo elétrico para veículo (V2V) utilizando a transmissão a bordo e os enrolamentos do motor", em IEEE Transactions on Industrial Electronics, vol. 69, n.º 11, pp. 10765-10775, Nov. 2022, doi: 10.1109/TIE.2021.3121707.

[34]. K. Dharavatu e R. S. Naik, "A Novel UAPQC Device for Enhancing Power-Quality in Grid Connected PEV Charging Station," 2023 International Conference on Smart Systems for applications in Electrical Sciences (ICSSES), Tumakuru, Índia, 2023, pp. 1-7, doi: 10.1109/ICSSES58299.2023.10200658.

[35]. S. Rong, W. Zhong, X. Huang, J. Kang, S. Xie e C. Yuen, "Joint Path Selection, Energy Trading and Task Offloading in Electric Vehicle Charging and Computing Network," in IEEE Internet of Things Journal, doi: 10.1109/JIOT.2024.3357861.

[36]. S. Starosta, N. Munzke e M. Hiller, "Analysis of DC-coupled system efficiency losses and their financial effects for a PV-based EV charging station," 6th E-Mobility Power System Integration Symposium (EMOB 2022), Hybrid Conference, The Hague, Netherlands, 2022, pp. 70-77, doi: 10.1049/icp.2022.2718.

[37]. Sultanabanu Sayyad Liyakat (2023). Revisão do Carregador de Bateria Integrado (IBC) para Veículos Eléctricos (EV), Journal of Advances in Electrical Devices, 8(3), 1-11.

[38]. Savio Abraham, D.; Verma, R.; Kanagaraj, L.; Giri Thulasi Raman, S.R.; Rajamanickam, N.; Chokkalingam, B.; Marimuthu Sekar, K.; Mihet-Popa, L. Arquiteturas, critérios, conversores de energia e estratégias de controle de estações de carregamento de veículos elétricos em microrredes. *Eletrónica* 2021, *10*, 1895. https://doi.org/10.3390/electronics10161895

[39]. Mrunal M Kapse, et al, "Smart Grid Technology", Revista Internacional de Tecnologia da Informação e Engenharia Informática, Vol 2, Issue 6

[40]. K. Kazi, "Smart Grid energy saving technique using Machine Learning" Journal of Instrumentation Technology and Innovations, 2022, Vol 12, Issue 3, pp. 1 - 10.

[41]. Kazi Sultanabanu Sayyad Liyakat (2023). Revisão do Carregador de Bateria Integrado (IBC) para Veículos Eléctricos (EV), Journal of Advances in Electrical Devices, 8(3), 1-11.

[42]. Kazi Sultanabanu Sayyad Liyakat (2023). IoT em veículos eléctricos: A Study, Journal of Control and Instrumentation Engineering, 9(3), 15-21. Disponível em: https:

[43]. Kazi Sultanabanu Sayyad Liyakat (2023). PV Power Control for DC Microgrid Energy Storage Utilisation, Journal of Digital Integrated Circuits in Electrical Devices, 8(3), 1-8. Disponível em: https:

[44]. Kazi Kutubuddin Sayyad Liyakat (2024). Impact of Solar Penetrations in Conventional Power Systems and Generation of Harmonic and Power Quality Issues, Advance Research in Power Electronics and Devices, 1(1), 10-16.

[45]. Kazi, K. (2024). Modelação e Simulação de Veículos Eléctricos para Análise de Desempenho: Implementação de veículos eléctricos BEV e HEV utilizando Simulink para ecossistemas de mobilidade eletrónica. Em L. D., N. Nagpal, N. Kassarwani, V. Varthanan G., & P. Siano (Eds.), E-Mobility in Electrical Energy Systems for Sustainability (pp. 295-320). IGI Global. https://doi.org/10.4018/979-8-3693-2611-4.ch014 Disponível em: https:

[46]. Halli U.M., "Nanotechnology in E-Vehicle Batteries", International Journal of Nanomaterials and Nanostructures. 2022; Vol 8, Número 2, pp. 22-27

[47]. Sakshi M. Hosmani, et al., "Implementation of Electric Vehicle system", Gradiva Review Journal, 2022, Vol 8, Issue 12, pp. 444 - 449.

[48]. Mi, C.; Bai, H.; Wang, C.; Gargies, S. Funcionamento, conceção e controlo de um conversor CC-CC bidirecional isolado baseado numa ponte H dupla. *IET Power Electron.* **2008**, *1*, 507-517. [**Google Scholar**] [**CrossRef**] [**Versão Verde**]

[49]. Chen, Y.-T.; Shiu, S.-M.; Liang, R.-H. Análise e projeto de um conversor Boost intercalado com comutação de tensão zero e comutação de corrente zero. *IEEE Trans. Power Electron.* **2011**, *27*, 161-173. [**Google Scholar**] [**CrossRef**]

[50]. Bratcu, A.I.; Munteanu, I.; Bacha, S.; Picault, D.; Raison, B. Sistemas fotovoltaicos com conversor CC-CC em cascata: Questões de otimização de potência. *IEEE Trans. Ind. Electron.* **2011**, *58*, 403-411. [**Google Scholar**] [**CrossRef**]

[51]. Madasamy, P.; Verma, R.; Rameshbabu, A.; Murugesan, A.; Umamageswari, R.; Munda, J.; Bharatiraja, C.; Mihet-Popa, L. Conversor multinível sem transformador com pinça de ponto neutro para sistema fotovoltaico conectado à rede. *Eletrónica* **2021**, *10*, 977. [**Google Scholar**] [**CrossRef**]

[52]. Krishna, T.K.; Susitra, D.; Kumar, S.D. DC Smart Grid System for EV Charging Station. Em *Avanços em Sistemas Inteligentes e Computação*; Springer Science and Business Media LLC: Berlim, Alemanha, 2020; pp. 307-328. [**Google Scholar**]

[53]. Sabzehgar, R.; Roshan, Y.M.; Fajri, P. Modelagem e controle de um conversor trifásico multifuncional para fluxo de energia bidirecional em veículos elétricos plug-in. *Energias* **2020**, *13*, 2591. [**Google Scholar**] [**CrossRef**]

[54]. Ali, M.; Tariq, M.; Lodi, K.A.; Chakrabortty, R.K.; Ryan, M.J.; Alamri, B.; Bharatiraja, C. Robust ANN-Based Control of Modified PUC-5 Inverter for Solar PV Applications. *IEEE Trans. Ind. Appl.* **2021**, *57*, 3863-3876. [**Google Scholar**] [**CrossRef**]

[55]. Jayakumar, V.; Chokkalingam, B.; Munda, J. Uma revisão abrangente sobre técnicas de modulação de vetor espacial para inversores multinível com ponto neutro. *IEEE Access* **2021**, 1. [**Google Scholar**] [**CrossRef**]

[56]. Shtessel, Y.; Baev, S.; Biglari, H. Controlo do fator de potência unitário no conversor trifásico AC/DC Boost utilizando modos deslizantes. *IEEE Trans. Ind. Electron.* **2008**, *55*, 3874-3882. [**Google Scholar**] [**CrossRef**

[57]. Salmon, J. Circuit topologies for PWM boost rectifiers operated from 1-phase and 3-phase AC supplies and using either single or split DC rail voltage outputs. Em

Proceedings of the Proceedings of 1995 IEEE Applied Power Electronics Conference and Exposition-APEC'95; IEEE: Piscataway, NJ, EUA, 2002; Volume 1, pp. 473-479. [**Google Scholar**]

Printed by Books on Demand GmbH, Norderstedt / Germany